JN270140

ドイツ・縮小時代の
都市デザイン

服部圭郎 著

学芸出版社

維持と撤退の政策

旧東ドイツの都市では、その激しい人口縮小へ対応するため、将来的に維持すべき場所、アイデンティティを選択した。当てはまらないものは、持続性を高めるために積極的に縮退するという政策方針を策定した。

写真1　美しく保たれる世界遺産の街並み（ケドリンブルク）

写真2　縮小が激しい郊外部で撤去が決まった集合団地
（アインゼンヒュッテンシュタット）

減少し続ける日本の人口

日本の人口増減を地域ごとにみると、大都市周辺部を除きほとんど減少していることがわかる（青色が強いほど減少している）。また、2005年と2010年とを比較しても、減少している地域がより広がっていることが理解できる。

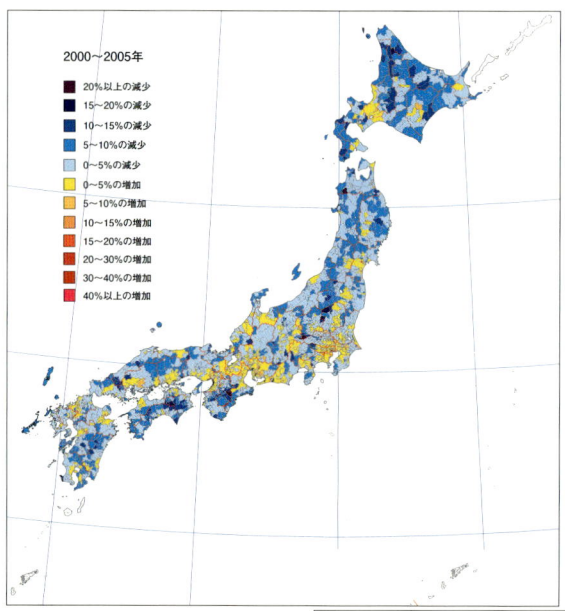

図1　日本の自治体別人口変化
（出所：国勢調査をもとに筆者作成）

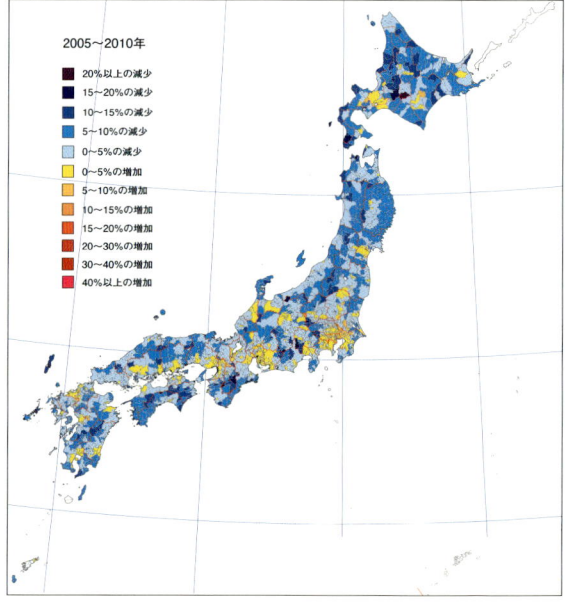

人口の増減が分かれるドイツ

ドイツの人口増減を地域ごとにみると、ベルリンの郊外部を除く旧東ドイツのほぼ全域で人口が減少している。特に、東の国境に隣接した地域で人口減少が著しい。旧西ドイツもルール地方やザーブルッケン地方など重工業が集積した地域で人口が減少している。

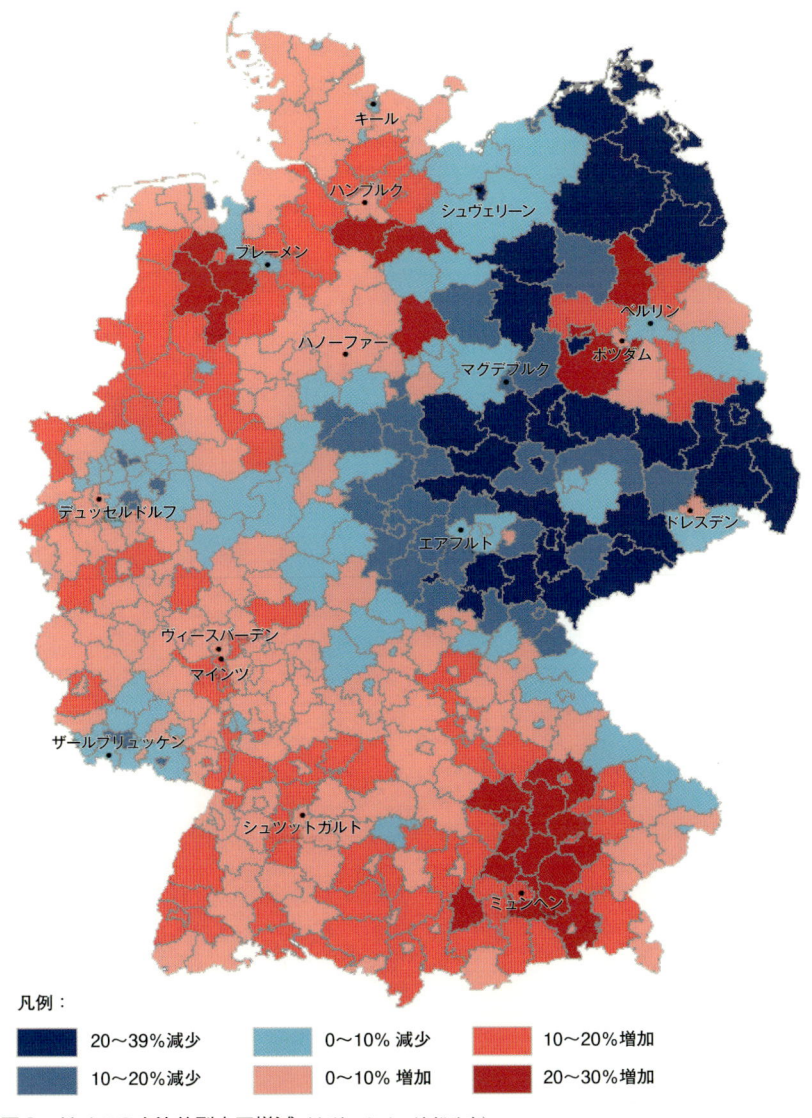

図2　ドイツの自治体別人口増減　（出所：ドイツ連邦政府）

凡例：
- 20～39%減少
- 10～20%減少
- 0～10%減少
- 0～10%増加
- 10～20%増加
- 20～30%増加

アイゼンヒュッテンシュタット
Eisenhüttenstadt

1953年にドイツ最初の社会主義の都市として極めて計画的に建設された社会主義的理念を具象化した都市。社会主義が崩壊すると、ほとんどの住民が関係していた製鉄所の効率化がなされて人口は激減。1988年から2012年まで、ほぼ人口が半減する。

写真3　茫漠とした撤去跡（第7地区）

写真4　撤去を控えたプラッテンバウ団地（第7地区）

写真5　オーデル川沿いに建つ教会の尖塔から望むアイゼンヒュッテンシュタット。手前は昔からあるヒュルステンブルクの集落

建物撤去年
- 2003
- 2004
- 2005
- 2006
- 2007
- 2008
- 2009
- 2010
- 2011
- 2012

図3　アイゼンヒュッテンシュタット市の年ごとの撤去の様子

デッサウ
Dessau

バウハウスの建設群、庭園王国という二つの世界遺産があることで知られる。「少ないことは多いこと」というコンセプトで縮小対策を実行する。市民参加を積極的に促し、ボトムアップによって縮小トレンドに対抗しようとしている。

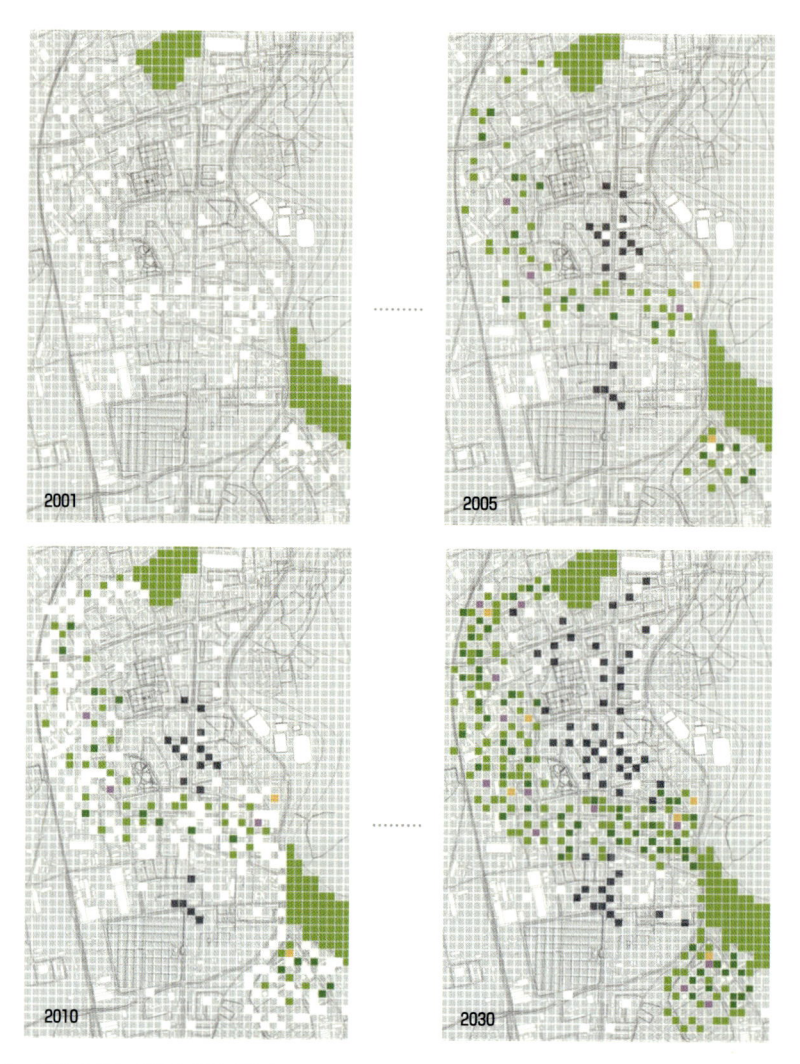

図4　緑地の増加状況と増加予測　具体的な計画を提示するのではなく、コンセプトを提示することで、縮小していく都市の未来を緩やかにイメージできるようにしている
（出所：Bauhaus Dessau Foundation（2007年）"Pixelation: Urban redevelopment as a continuing process"）

写真6　両側の住宅を撤去した道路。道路も灌木を植えてランドスケープを変容させている。
　　　　筆者が持っている写真は撤去前のもの。
写真7　撤去することで生じたオープンスペースは、住民たちがその活用の仕方を考えている。
　　　　管理をしているのも住民である。

コットブス 〈人口：99,401人（2014年）〉

Cottbus

旧東ドイツ時代は、エネルギー産業の中心として位置づけられたが、ドイツ再統一後、大きな産業構造の改革が起き、人口は減少。タマネギ理論とよばれる中心を維持し、周縁部を撤退する縮小対策を実践し、ある程度の成果がみられつつある。

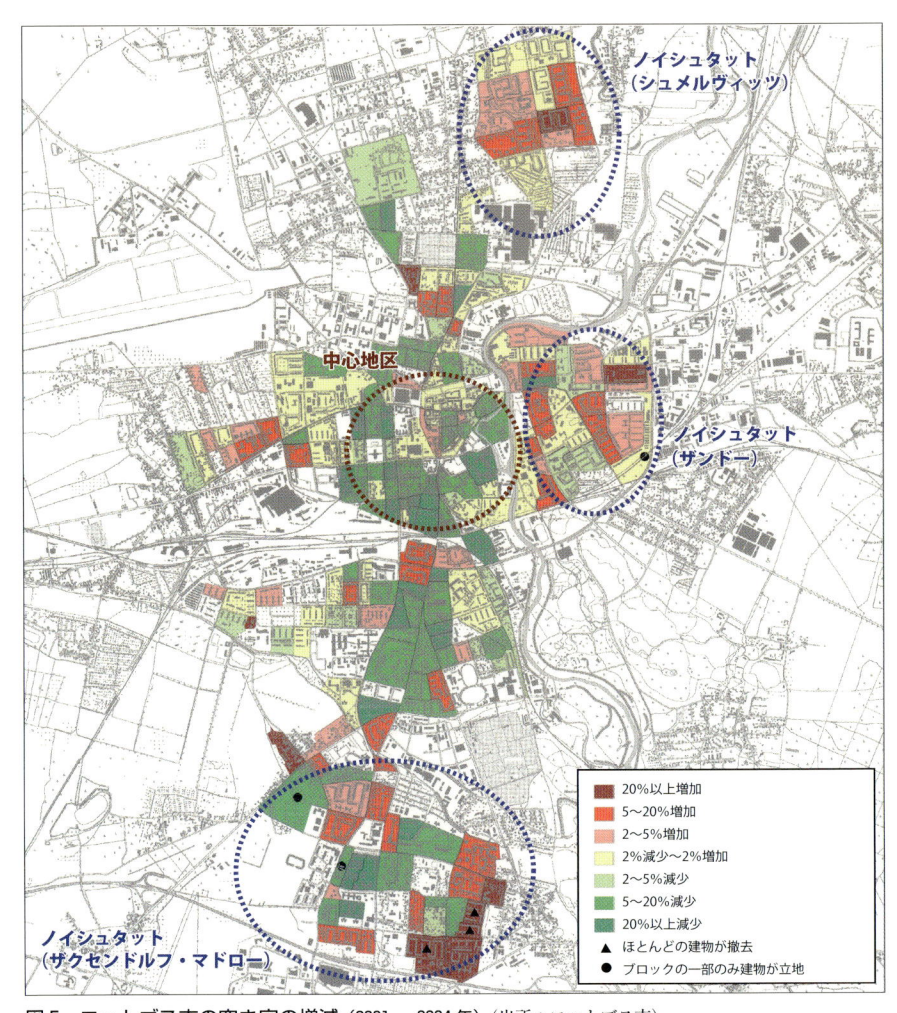

図5　コットブス市の空き家の増減（2001〜2004年）（出所：コットブス市）

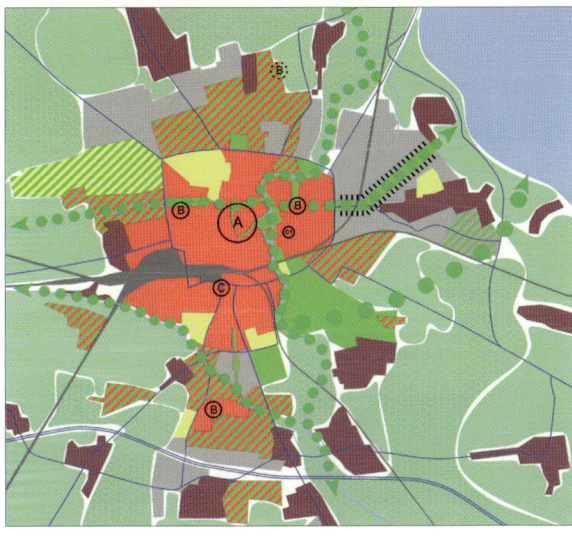

写真8
コットブスのアルトマルクトの夜景。建物のファサードも修繕され、ライトアップの演出もされるようになっている。

凡例：
- 都心地区と安定核
- 周縁部
- バッファーゾーン
- 緑地率の高いバッファーゾーン
- 都市計画的干渉が必要なバッファーゾーン
- 特別地区（大学等）
- 緑地率の高い特別地区
- 住宅核
- センター
- 将来のセンター候補（開発状況による）
- 公園、緑地
- 森
- 緑の回廊
- 緑の主回廊
- 鉄道
- 幹線道路・アウトバーン

図6　コットブス市の将来空間構想図（出所：コットブス市）

シュヴェリーン

Schwerin

写真9　ドイツには連邦庭園博覧会というイベントがある。シュヴェリーンは、この博覧会をうまく活用して縮小対策とした。写真の背景にある建物は、同都市のシンボルであるシュヴェリーン城。

メクレンブルク・フォアポンメルン州の州都。再統一直後の人口減少は緩やかであったが、その後、人口流出が加速。庭園博覧会というプロジェクトをうまく人口減少対策に活用する一方、住民参加を軽視したことによる問題も生じている。

図7　シュヴェリーン庭園博覧会の地図
（出所：BUGA 資料をもとに筆者作成）

ライプツィヒ
Leipzig

ドイツ再統一後、旧東ドイツの都市では最大の人口を失う。しかし、縮小を真正面から見据えた現況分析、市民たちの力を積極的に引きだすボトムアップの戦略が功を奏し、人口の減少トレンドは反転し、現在は増加傾向にある。

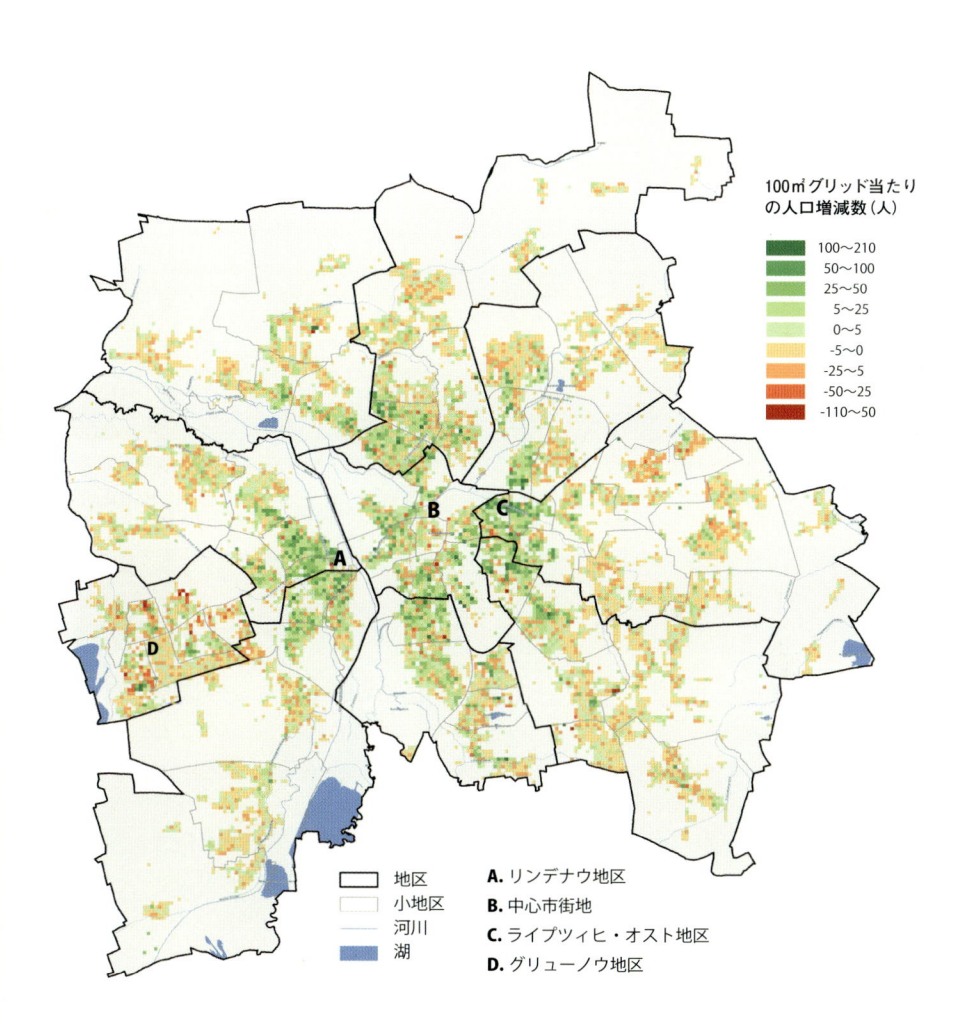

100㎡グリッド当たりの人口増減数(人)

- 100〜210
- 50〜100
- 25〜50
- 5〜25
- 0〜5
- -5〜0
- -25〜5
- -50〜25
- -110〜50

- 地区
- 小地区
- 河川
- 湖

A. リンデナウ地区
B. 中心市街地
C. ライプツィヒ・オスト地区
D. グリューノウ地区

図8　ライプツィヒ市の100mグリッド別人口変化 (2009〜2014年)
　　(出所:ライプツィヒ市、Ortsteilkatalog 2014)

写真10　ライプツィヒ市の変化（上：2002年、下：2015年）

ルール地方
Ruhrgebiet

産業革命後、ドイツだけでなくヨーロッパ屈指の重工業地域としてドイツ経済を牽引するが、戦後、衰退を始め、人口も減少の一途を辿っている。しかし、「成長しない持続開発」というコンセプトで、その再生の道を見出そうとしている。

写真11　フェニックス・プロジェクトによる変化（上：2008年10月、下：2014年9月）

図9　ルール地方のイメージを表現する形容詞（イメージ調査結果）

写真12　ルール地方でも最も縮小が激しい都市の1つであるデュースブルク。それでも週末には都心の公共空間には人が集まる。

はじめに

　日本の人口は 2004 年に 1 億 2778 万人（10 月 1 日時点）を記録した後、翌年の同日に戦後、初めて 1 万 9 千人ほど減少する。2006 年、2007 年は 13 万人ずつ、それぞれ前年度より増加し 2008 年 10 月 1 日時点で 1 億 2808 万人を記録。これが、おそらく日本の人口の最高記録であろう。その後、2009 年には 5 万 2 千人減少、2010 年には多少盛り返すが、2011 年には前年度に比べて 26 万人と大幅に減少。さらに 2012 年には 28 万人が減少する。2011 年以降は、外国人の減少の影響もあるが、人口減少の主要因は自然減であり、いよいよ高齢化による人口減少の時代へと我が国は突入した。

　この人口減少という現象は、しかし、日本特有のものでは決してないし、日本が先行しているわけでもない。人口減少は、いわゆる「先進国」と呼ばれている都市・地域において普遍的に見られる現象である。とくに旧東ドイツは、社会体制の変革によって、大幅な人口減少を 1990 年代に体験した。

　本書は、この急激な人口縮小を体験した旧東ドイツの諸都市が、どのようにその現象に対して対策を展開してきたかを紹介するものである。一部の例外的な都市を除いて、ほとんどの都市・地域が人口減少に直面した旧東ドイツであるが、ある都市は積極果敢に、またある都市は茫然自失になりながら連邦政府の政策に受動的に従い、その縮小現象へ対応しようとしている。その自治体ごとの多様な取り組みは、縮小への対策のむずかしさを示唆すると同時に、その対策の効果の違いを見ることで、ある程度、有効な縮小対策が展望できる。本書はそのような考えから筆者が事例調査をして得られた情報・知見をもとにドイツの縮小対策の整理を試みたものである。

本書の構成

　本書は、まず日本の都市の人口縮小の実態を整理する。そして、旧東ドイツの急激なる人口縮小の状況を整理し、その政策なども概観する。次に、ドイツの縮小都市・地域を、旧東ドイツ側から7都市、そして旧西ドイツ側から1地域、合計八つ紹介する。7都市はアイゼンヒュッテンシュタット（ブランデンブルク州）、ライネフェルデ（チューリンゲン州）、コットブス（ブランデンブルク州）、デッサウ（ザクセン・アンハルト州）、シュヴェリーン（メクレンブルク・フォアポンメルン州）、ホイヤスヴェルダ（ザクセン州）、そしてライプツィヒ（ザクセン州）である。ベルリン州を除く、すべての州の都市を事例として取り上げることで、州による違いが見えるようにした。また、ライネフェルデのような優れた成果を出した事例だけでなく、ホイヤスヴェルダのようにいまだに問題を抱えている事例をも取り上げることで、なるべく等身大の旧東ドイツが浮き彫りになるように試みた。旧西ドイツの事例としてはルール地方を取り上げた。

　旧東ドイツの人口縮小は社会体制の変革が大きな契機となって始まったが、ルール地方は産業転換が要因となっている。ただし、要因は違っていても、縮小に対する都市計画的なアプローチは類似している。それは、将来を冷静に見据えることで、問題から目を背けないというプラクティカルな姿勢である。そして、これらの事例から得られた情報・知見を踏まえて、縮小都市の課題を提示した。この課題は、日本の縮小都市においても共振するものが多いと推測される。最後に、ドイツから日本が学ぶ縮小の都市デザインとして、筆者なりの提言を幾つか示した。

日本の縮小都市が行うべきこと

　日本では人口縮小という「不都合な真実」の前に、慌てふためいているように見える。ある団体が発表した調査結果で、東京区の豊島区は消滅都市の候補にあげられた。そもそも、豊島区が消滅すると予測した時点（豊島区が消滅するのであれば、その前にほとんどの関東圏の都市が「消滅」している）で、その

調査がいい加減であると判断すれば良いにもかかわらず、豊島区は慌てて縮小対策に取り組み始めた。人口の縮小はさまざまな課題をこれから我々に提示してくるが、そのような状況に晒された旧東ドイツなどの縮小都市がどのように対応したかを知ることで、今後の日本の都市が縮小現象の対策を講じるうえで参考になる点があるのではないだろうか。

　慌てふためいてパニックに陥ることこそが愚かであるし、傷跡を広げることに繋がる。成長や豊かさという意味を再考し、将来のあるべき都市像を再検討する良い機会を我々は与えられているのかもしれない。ドイツの縮小政策の取り組みから学ぶこととは、しっかりと縮小を見据えた将来都市計画を検討し、関係者とコミュニケーションを取り、一丸となって取り組むことである。人口縮小は危機である。しかし、それをしっかりと危機だと認識し、その危機を乗り切るために、関係者が一枚岩になり、エネルギーを集中させること。すべてが成果を出しているわけではないが、ドイツの縮小都市の取り組みは、そのようなメッセージを後発の人口縮小国家である日本に発しているように思える。

　人口減少は日本がこれから直面していくむずかしい課題である。その課題を超克するためにも、ここであげたドイツの事例が、少しでも参考になれば、筆者としてはこれ以上の喜びはない。

服部圭郎

〈目　次〉

口絵 ... 2
維持と撤退の政策／減少し続ける日本の人口／人口の増減が分かれるドイツ／アイゼンヒュッテンシュタット／デッサウ／コットブス／シュヴェリーン／ライプツィヒ／ルール地方

はじめに ... 17

第Ⅰ部　縮小都市とは ... 25

第1章　日本の都市・地域の縮小の実態と特徴 ... 26
1・1　人口減少の実態 ... 26
1・2　マクロ的な視点から見た人口減少の特徴 ... 31

第2章　ドイツの都市・地域の縮小の実態と特徴 ... 42
2・1　旧東ドイツにおける人口減少の実態 ... 42
2・2　旧東ドイツの人口減少の要因 ... 45
2・3　旧東ドイツの縮小が及ぼした問題 ... 52

第3章　旧東ドイツの縮小政策プログラム ... 58
3・1　シュタットウンバウ・オスト・プログラム ... 58
3・2　その他のプログラム ... 66

第Ⅱ部　縮小都市の横顔　　71

第4章　アイゼンヒュッテンシュタット　　72
- 4・1　概要 ― ドイツ最初の社会主義の都市　　72
- 4・2　縮小政策 ― 中心を維持するため周辺から撤退　　77
- 4・3　成果 ― 減築で都心部を維持　　84
- 4・4　都市のサバイバル戦略としての縮小政策　　88

第5章　デッサウ　　90
- 5・1　概要 ― バウハウスのある工業都市　　90
- 5・2　縮小政策 ― コンセプトは「都市の島」　　92
- 5・3　成果 ― 市民を巻き込む　　100

第6章　コットブス　　104
- 6・1　概要 ― 雇用が激減した工業都市　　104
- 6・2　縮小政策 ― 都市構造のコンパクト化　　109
- 6・3　成果 ― 都心の魅力向上と空き家率の低減　　110

第7章　ライネフェルデ　　114
- 7・1　概要 ― 世界に知られる縮小都市の優等生　　114
- 7・2　縮小政策 ― 問題から目をそらさない　　116
- 7・3　成果 ― 現実主義になること　　119

第8章　シュヴェリーン　　124
- 8・1　概要 ― もっとも人口が少ない州都　　124
- 8・2　縮小政策 ― 再生のための空間づくり　　127
- 8・3　庭園博覧会の活用　　132
- 8・4　成果 ― 進展するコンパクト化　　134

第 9 章　ホイヤスヴェルダ　……………………………………………… 138
9・1　概要 ─ 縮小が激しい社会主義の計画都市 ……………… 138
9・2　縮小政策 ─ 周縁部を撤去し「核」を残す ……………… 145
9・3　成果 ─ 徹底した減築が再生の道を照らす ……………… 149

第 10 章　ライプツィヒ　………………………………………………… 154
10・1　概要 ─ 過大な期待とその後の失望 …………………… 154
10・2　縮小政策 ─ 縮小という事実を認める ………………… 156
10・3　成果 ─ 内科的アプローチで都市を治癒 ……………… 159

第 11 章　ルール地方　…………………………………………………… 166
11・1　概要 ─ 衰退するかつてのドイツ経済の牽引車 ……… 166
11・2　縮小政策 ─ 新しいイメージの創出 …………………… 170
11・3　成果 ─ 新しいアイデンティティの創造 ……………… 174

第Ⅲ部　縮小都市の課題と展望　　181

第 12 章　縮小都市が社会環境に及ぼす影響　………………………… 182
12・1　都市構造の再編 …………………………………………… 182
12・2　都市機能の再編 …………………………………………… 186
12・3　機会の喪失 ………………………………………………… 190
12・4　アイデンティティの希薄化 ……………………………… 194

第 13 章　縮小都市が人に与える影響　………………………………… 198
13・1　合意形成のむずかしさ …………………………………… 198
13・2　「縮小＝マイナス」という先入観 ……………………… 203
13・3　縮小への不安 ……………………………………………… 205
13・4　コミュニティの脆弱化 …………………………………… 207

第14章　ドイツから学ぶ縮小の都市デザイン … 213

- 14・1　都市のコンパクト性の維持 … 213
- 14・2　ハードではなくソフトの社会基盤を充実させる … 216
- 14・3　地域アイデンティティ・地域文化の強化 … 217
- 14・4　地元に考えさせる ― 地方分権の勧め … 219
- 14・5　行政の役割の強化 ― 市場への介入 … 221
- 14・6　縮小を機会として捉える … 223
- 14・7　ステークホルダーとの協働を図る … 225
- 14・8　移民の受け入れ … 227

豊かさの意味を再考し、縮小をデザインする … 231

おわりに … 236

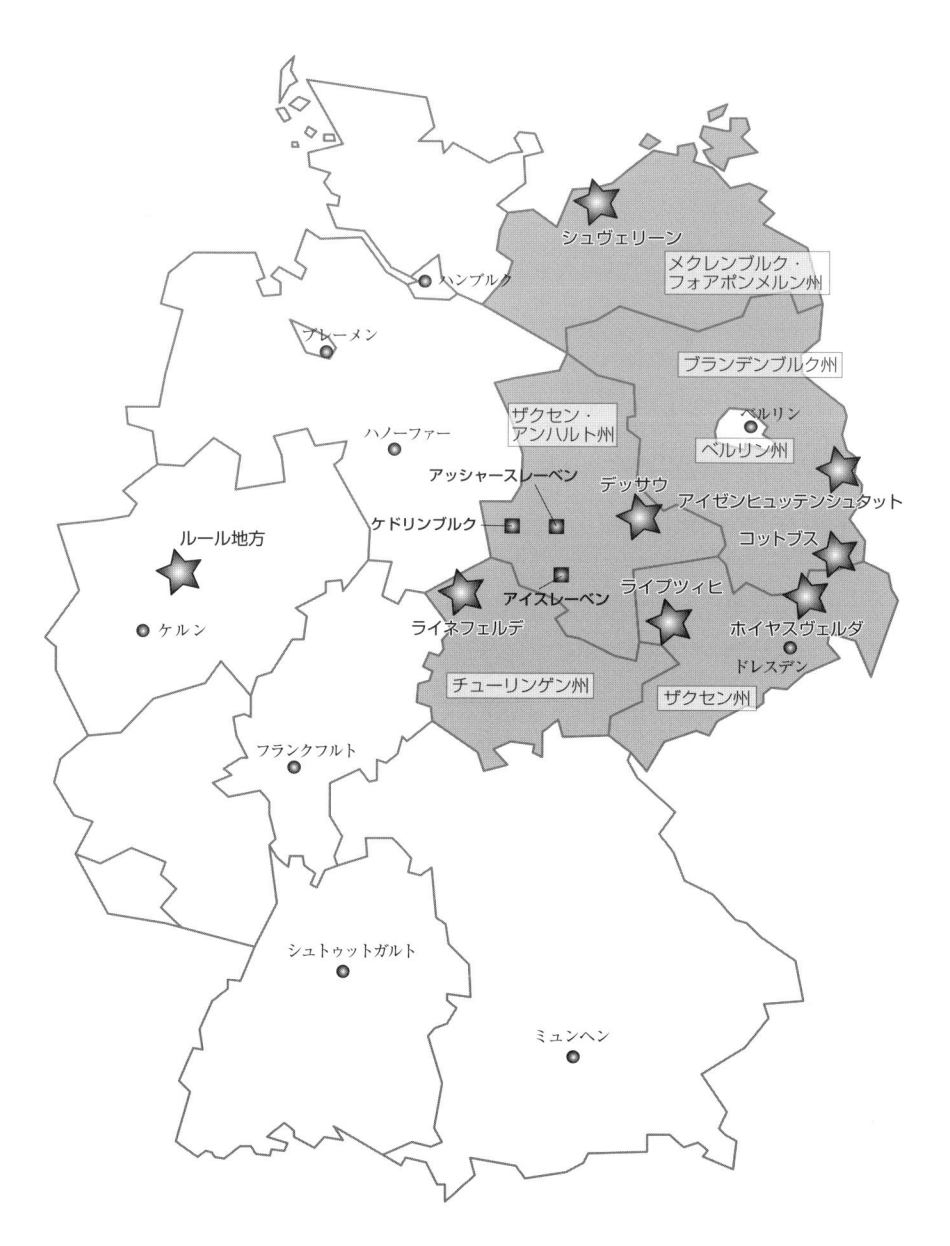

本書で取り上げるドイツの都市（■部分は旧東ドイツ）

北海道旧阿寒湖町布伏内

第Ⅰ部
縮小都市とは

■

　第Ⅰ部では、本書の背景となる日本、そして旧東ドイツの人口減少がどのように展開してきたのかをデータと文献をもとに整理し、その背景・要因等を分析する。さらに、ドイツ政府がどのように、この人口減少に対応してきたのか。その政策の内容を整理すると同時に、それがどのような成果をもたらしてきたのかを概観する。

第1章

日本の都市・地域の縮小の実態と特徴

　本章では日本の都市・地域の縮小の実態と特徴を整理する。本書はドイツの縮小都市・地域の都市デザイン、都市計画の取り組みを紹介するものであるが、その背景には、日本もドイツと同じように縮小する都市・地域が増えている実態がある。ここで提示された事実は、なぜ日本においても、ドイツの縮小都市・地域の事例を学ぶ必要があるのかを教えてくれるであろう。

1・1　人口減少の実態

　2012年に国立社会保障・人口問題研究所が推計した結果によると、日本は今後も人口減少が進み、2010年の国勢調査による1億2806万人から、2030年には1億1162万人まで減り、2060年には8674万人となる。2010年から2060年までの50年間で4132万人の減少が見込まれている（図1・1）。

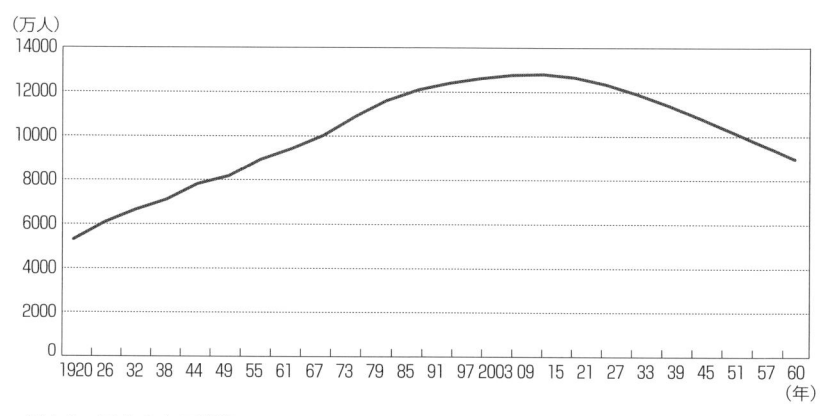

図1・1　日本の人口推移（出所：2012年までは「国勢調査」「人口統計」、2013年以降は国立社会保障・人口問題研究所『日本の将来推計人口』（2014年1月推計）「出生中位（死亡中位）」推計値）

合計特殊出生率が人口置換水準を大きく下回った状況が、1974年から現在（2014年は1.41）まですでに40年という長期間続いてきたので、このような事態が起きることは、あらかじめ予見されることであったが、最近はこの問題が大きくマスコミなどでも取り上げられるようになってきた。

ただし、それらの多くは、人口減少という現象に対して扇情的に人々の不安を煽るような内容のものが多く、また自治体もこれらのマスコミの報道によって、慌てふためいて泥縄的な対応をしているようにも見える。この章では、人口減少の実態をもう少し冷静に整理し、マクロ的な視点から見たその特徴を整理したい。

日本人の人口がピークに達したのは前述したように2008年ではあるが、地域によっては、人口減少は決して目新しい現象ではない。人口減少地域を過疎地域という言葉で表したのは、1966年の経済審議会の地域部会中間報告である。そこでは、過疎を「人口減少のために一定の生活水準を維持することが困難になった状態」と定義した。1970年にはその問題に対応するために過疎地域対策緊急措置法を制定している。

加えて、都道府県によっては現在の人口減少率は、いわゆる高度経済成長期に比べれば低い。図1・2は5年ごとの都道府県別の人口増減率を示したものである。1980年以降、人口増加率はほぼ横ばいであるのに比べ、1960年から1970年の10年間のほうが、人口が減少する都道府県、増加する都道府県の差が顕著であることが読み取れる。1960年から1970年にかけて島根県、鹿児島県、佐賀県、長崎県の人口は10％以上も減少した。これらの県は近年も人口減少が続いているが、当時に比べれば人口減少率は低くなっている（2000年から2010年の10年間での減少率は、それぞれ6％、4％、3％、6％）。

それでは、なぜ今になって人口減少が改めてクローズアップされているのであろうか。その理由は大きく三つあると考察される。一つ目は高度成長期における地域における人口減少の要因は自然増を上回る社会減であったのに対して、近年の人口減少は自然減が主要因であり、今後もその傾向は拡大すると考えられること。二つ目は、人口減少が以前に比べて遙かに広範囲に

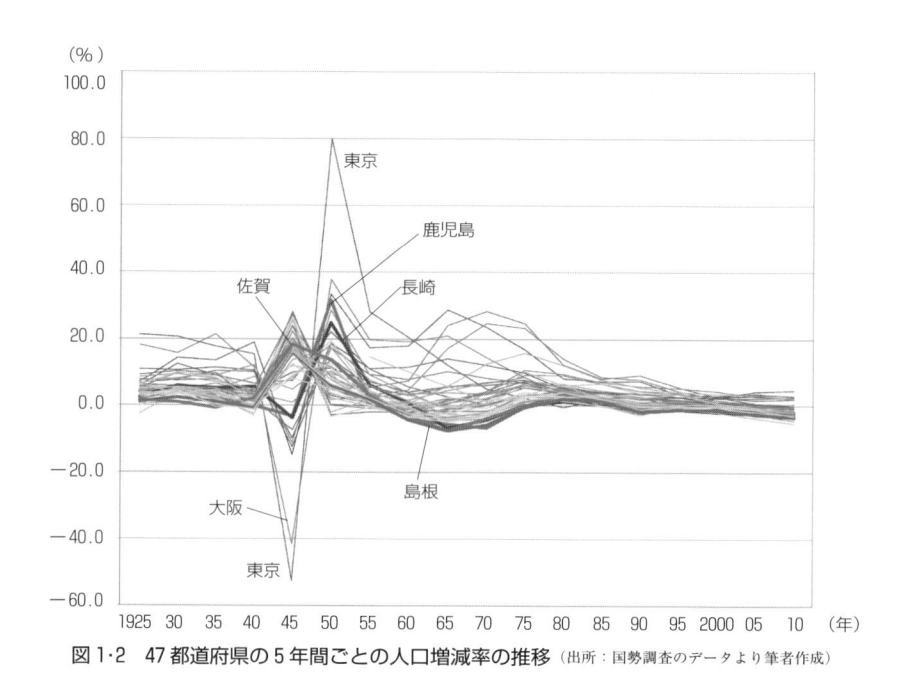

図1·2　47都道府県の5年間ごとの人口増減率の推移 (出所：国勢調査のデータより筆者作成)

渡って起きていること。三つ目は、東京圏をはじめとした人口流入地域と流出地域との格差がこれまでになく拡大していることである。

一つ目に関しては、たとえば1962年から1965年までの4年間で、県外への集団就職などで15％以上の社会減を経験した島根県は、それでも1994年までは自然増を維持していたのだが、それ以降は出生数の減少や高齢者の死亡等で自然減が進んでいる。図1·3に2012年度の都道府県別の総人口に占める自然減、社会減の割合を示した。自然増加率が依然プラスであるのは4県（沖縄県・愛知県・滋賀県・神奈川県）だけである。2005年では11都府県がプラスであったことを考えると、自然減による人口減少が急速に進んでいることが分かる。

さらに、今後、日本は「死亡急増時代」を迎える。年間の死亡者数は90年代から着実に増加傾向にあり、2005年の108万人から、さらに2040年頃のピークである167万人にまで増加するものと予測されている（国立社会保障・人口問題研究所2012年推計）。このように自然減はさらに進んでいくことが予期

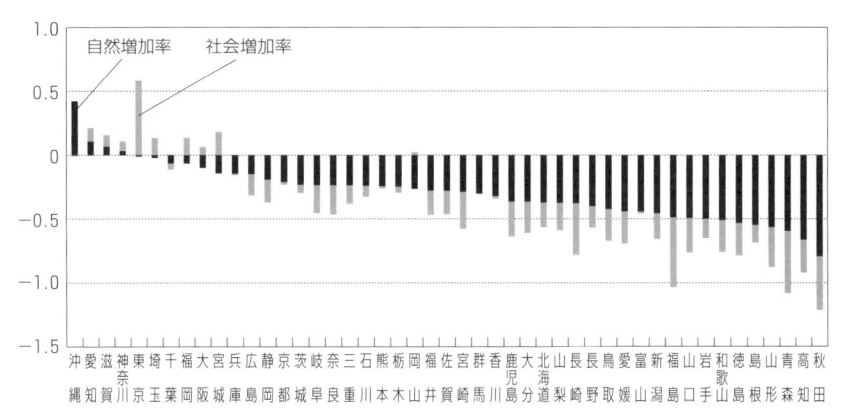

図 1・3　2012 年の都道府県別の総人口に占める自然減、社会減の割合
(出所：住民基本台帳人口移動報告)

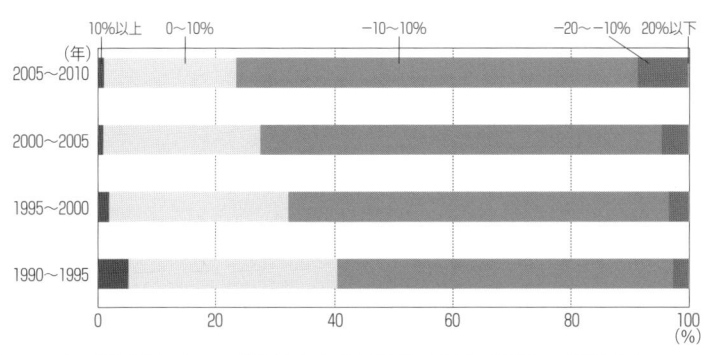

図 1・4　人口増減率によって分類された自治体数の割合（1990 〜 2010 年）(出所：国勢調査)

され、これによって人口減少は加速化していく。社会減での人口減少は、産業政策や経済政策によって状況を改善することが可能である。しかし自然減は、その状況を改善させることは短期的には困難である。

図 1・4 は、1990 年から 2010 年までの人口増減率によって自治体数を分類したものであるが、最近になればなるほど、人口が減少する自治体数が増えており、かつその減少率が高い自治体も増えている。人口が減少している自治体は全体の 76 % を占める。4 分の 3 以上の自治体が人口減少を経験しているのである。

前述したように、人口減少というのは決して新しい問題ではない。「過疎」

という言葉は 1966 年から使われている。ただし、当時これはきわめて局地的な問題であった。

現在は、多くの自治体が人口は減少していくという将来を想定しながら運営をすることを余儀なくされている。それは、成長を前提としたこれまでと異なるアプローチが求められるということだ。

そして、最後に東京圏をはじめとした人口流入地域と流出地域との格差が拡大していることがあげられる。東京圏や大阪圏への流出人口は、1960 年代に比べるとはるかに少なくなった。しかし、それによって生じた地域間格差はさらに広がっている。

図 1・5 に都道府県別人口のジニ係数を調べている。ジニ係数[※1]は主に社会における所得分配の不平等さを測る指標ではあるが、ここでは日本における人口の偏在を測るために用いている。すなわち、一般的なジニ係数では人となる所の代わりに都道府県、所得となる所の代わりに人口を代入することで、地域的な人口の偏りをみている。

この図より、日本の人口は明治時代から、第二次世界大戦の動乱期を除けば一貫して地域的な偏りが拡大していることが理解できる。興味深いのは、大平内閣の時期、第三次全国総合開発[※2]で「地方の時代」を謳い、大都市

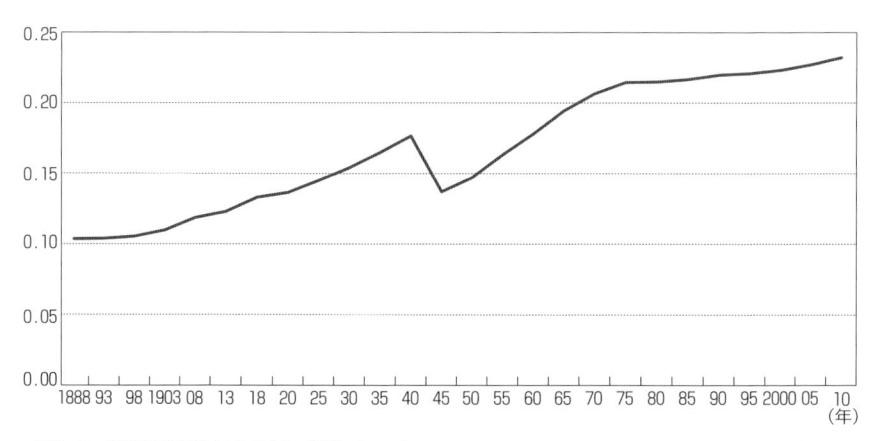

図 1・5　都道府県別人口のジニ係数 (出所:「日本帝国戸籍戸口表 (1888、1893)」「日本帝国人口統計 (1898)」「日本帝国人口静態統計 (1903 〜 1918)」「国勢調査 (1920 〜)」から著者作成)

抑制、地方振興を政策として遂行していた時期は、人口は地方に定着する傾向があったことである。また、バブル期では東京一極集中が批判されたが、人口の偏りはそれほど助長されることはなかった。ただし、最近では偏りが広がる傾向にある。このように人口減少が全国的に展開しているなか、さらに地域間の偏りが拡大していることが、国土構造的には大きな問題としてのしかかっている。

これら三つの点が示唆するように、人口減少問題は日本がこれまで直面したことのない課題として、将来において立ちふさがっているのである。

1・2　マクロ的な視点から見た人口減少の特徴

マクロ的な視点から見た人口減少には大きく、三つの特徴があると考えられる。一つは人口自体が縮小するということである。人口の縮小は、経済規模の縮小に繋がる。20世紀に活躍したアメリカの経済学者サイモン・クズネッツは1930年代に「近代的意味における経済成長とは、人口が増加していて、なおかつ1人あたりの所得が増えることである」と述べている。このように人口は経済を測るうえでの指標でもある。日本のGDPは現在、アメリカ、中国に次いで3番目の規模を誇るが、人口縮小は、そのような世界経済に占める割合を減少させていくことに繋がる。これは、個人単位の経済規模の縮小に繋がるわけではないが、喪失する「規模の経済」は、とくに国内市場をおもなターゲットとする企業などにとっては打撃になるであろうし、円の信用度も低下するであろう。

二つ目は、人口減少のスピードの問題である。図1・6に1950年から2050年までの主要国の人口トレンドを示している。これより、日本は人口増加のスピードも著しかったが、それがピークに達してからの減少のスピードも凄まじいものがあることが分かる。この変化に社会が対応することの困難さが、これから人口減少が落ち着くまでの期間、社会にずいぶんと混乱をもたらすことが予期される。ちなみに、高齢化に関しても、日本はその高齢化率が社

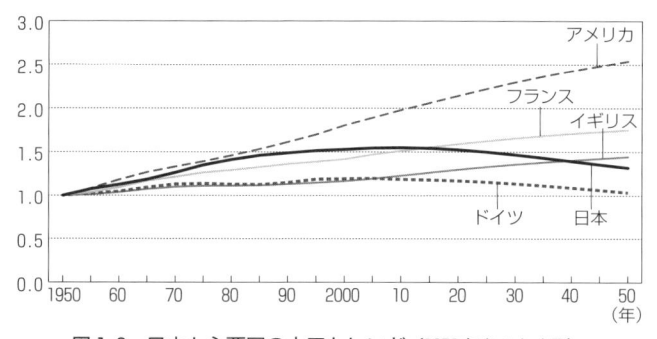

図1・6 日本と主要国の人口トレンド（1950年を1とする）
（出所：United Nations, Department of Economic and Social Affairs（2012））

会に大きな負担を与えているよりも、その高齢化が進展するスピードの速さがより大きなダメージを与えている。つまり、人口減少にしろ、高齢化にしろ、日本が抱えている大きな課題は、変化そのものよりも、変化のスピードの速さなのである。

そして三つ目は、地域によって温度差があることだ。日本全体で今後、人口が縮小していくことになるが、その縮小のスピードは地域によって異なる。2010年の国勢調査では、2005年に比べて人口が減少している自治体総数は全体の76.4％に及ぶ1321存在するが、5年間で人口が10％以上減少している地域は全体の9％弱、5％以上10％以下だと全体の32％など、減少するスピードには違いがある。当然、減少のスピードが速いほど、その影響も大きい。一口に人口減少といっても、そのスピードには差があることを認識し、自治体は、それぞれの減少スピードに応じて、対応していくことが必要となる。

以下、これら三つの問題について考察してみたい。

(1) 規模としての人口の縮小

❖人口減少をどう捉えるか

これまでも地域によっては人口が縮小していた。しかし、今になってことさら人口減少が問題として取り上げられるようになったのは、国レベルで、

規模としての人口が減少し始めたからであろう。

1949年に毛沢東は、人口について次のような宣言を行う[※3]。

「中国の膨大な人口は財産として肯定すべきものである。今後何倍になろうとも、そこから生じる問題はすべて人口の財産としての正の側面によって解決されるであろう。鍵となるのは生産であり……生産様式の革命によって人口増加にともなう食糧問題は解決できる」。

このように人口を財産として捉えると、国家規模で人口が減少することに対して不安を持つことは理解できる。

しかし、果たして、人口が減少することは、どの程度、問題であるのだろうか。広井良典は、その著書『人口減少社会という希望』で次のように言及している。

「（前略）現在よりも人口が多少減ったほうが、過密の是正や空間的・時間的・精神的なゆとり、環境・資源問題等々、さまざまな面でプラスであると考えるほうが理にかなっている」[※4]。

我が国においては人口減少によるマイナス面が強く取り沙汰されているが、2014年現在、人類が抱えているきわめて甚大なる課題は、実は正反対の人口成長である。人口の拡大により、地球の生態系を脅かす危険性はかつてないほどに強まっている。

欧州および世界の人口史の権威であるイタリア人の人口学者であるマッシモ・リヴィバッチは、人口成長を抑制させ、状況に応じては減少させることが、人類が生き延びていくためには必要であると指摘している。

「地球環境はその限界が繰り返し先送りできたとしても間違いなく有限であり、無制限な成長を続ければ必ず危機の可能性は高まる。こうした観点からも、人類が人口成長を緩和する、あるいは状況に応じて反転させるための覚悟が必要で、それには長い期間を要する（後略）」[※5]。

リヴィバッチ教授の考えにのっとれば、日本が人口減少に転じているという事実は、政策的な意図がなかったにもかかわらず、きわめて賢明な方向に進んでいると捉えられなくもない。

そもそも現在の人口減少をもたらしたのは、第一次石油危機があった1970年代に国を挙げて人口減を目標にした政策を実施してきたからである。1974年、戦後2度目に発表された『人口白書』の副題は「静止人口をめざして」であった。そこでは、少しでも早く人口増加を抑制し、人口が増えも減りもしない「静止人口」になるため、出生抑制をいっそう強化すべきであると政府は主張していた[※6]。これはすでに人口が1億人を超えていた当時の社会に大きなインパクトを与え、その翌年には合計特殊出生率は2.0を下回り、以後、低下し続けていく。このような事実を踏まえると、日本の「少子化」をもたらしたのは日本政府だと言えなくもない。そうであれば、現在の政府は、目標を達成して喜ぶかわりに慌てているようなもので、はなはだ滑稽である。

　前述したように、毛沢東は人口を「財産」として捉えたが、その後、国内経済が疲弊し、それを立て直すために中国は1978年に「改革開放」を唱え、79年には上海において一人っ子政策を始めると、それは全国に拡大した。この政策が定着するとともに国民の所得水準は上昇していくことになる[※7]。

　そもそも現在の人口が、絶対に維持されるべきものではないし、日本政府が設置した経済財政諮問会議の専門調査会が2014年5月13日に発表した「50年後に人口1億人程度」というのも、1億という数字が十進法的にただキリが良いという以上の意味を持たず、それが絶対的な目標となるようなものではない。

　この専門調査会は、「現在進む人口減少を放置すると、国内市場が縮小し、投資先としての魅力が低下し、経済規模の縮小がさらなる縮小を招く負の連鎖に陥る」とし、「高齢化で社会保障給付費が増えて財政が破綻するリスクも高まると強調した」[※8]。

　確かに人口減少は経済規模を縮小させる可能性は高い。しかし、一方で1人あたりの豊かさという観点から考えると、人口規模は必ずしも関係はない。人口が減少し、全体としての経済規模が縮小しても、1人あたりの豊かさはむしろ減らずに増える可能性さえある。

❖エコロジカル・フットプリントという概念

　エコロジカル・フットプリントとは、「ある期間、ある集団が消費するすべての資源を生産し、その集団から発生する二酸化炭素を吸収するために必要な生態学的資本を測定したもの」[※9]である。1980年代以降、日本はその需要を満たすために、おもに海外の生物生産力に依存したため、エコロジカル・フットプリントは増加傾向にある。現在、日本の食生活を支える生物生産力は海外に75％依存していて、これは食糧確保という観点からは、脆弱な状況にあると言える。また、世界中の人々が日本と同様の食生活をした場合、エコロジカル・フットプリントが示す地球の資源は、地球1.64個分になる。これは、地球1個ではまかなえないということで、決してサステイナブルではない。きわめて単純で乱暴な計算をすれば、現状の日本人の食生活から生じるエコロジカル・フットプリントを地球規模に落とし込むためだけでも7800万人程度まで、人口規模を減少しなくてはならない。筆者はエコロジカル・フットプリントの条件を満たすために人口減少を正当化するつもりはまったくない。現状のサステイナブルではない食生活、ライフスタイルを改めることこそがむしろ重要であろう[※10]。ただ、ここで指摘したいのは、現在、人類が直面している深刻な課題は人口爆発であり、それがもたらす多大な環境負荷であるということだ。

　また、日本は国土こそ小さくはないが、可住地という点からすると決して大きくはない。表1・1に、可住地人口密度を国別で見たものを示している。日本は、欧州の主要国であるドイツの3倍、フランスの7倍ほどもそれが高い。可住地人口密度で言えば、日本は多少、人口が減少したほうが、ゆとりのある生活空間を確保できるのではないかとさえ思う。

　人口密度が減少することの非効率さは指摘しなくてはならないし、都市部において人口が減少することに対して、

表1・1　国別の可住地人口密度　(人/km²)

日　　本	1076
フランス	149
ドイツ	339
イギリス	275
アメリカ	46
韓　　国	1376

(出所：FAOSTAT (2001))

もっとも留意しなくてはならない点は、人口の減少というよりは、むしろ人口密度の減少であると筆者は考えている[11]。

しかし、そもそも人口密度が欧米の都市などと比べても遙かに高いことが、日本人の日常生活の豊かさの実現の妨げとなっているともいえる。1979年にヨーロッパ共同体がまとめた非公式の報告書『対日経済戦略報告書』において、日本人の住居は「うさぎ小屋」であるとの表現がなされていた。経済的には発展していても、このように揶揄される住宅環境に甘んじなくてはならないのは、狭い可住地に多くの人が高密度での生活を強いられているからであり、そういう観点では、人口減少は、多少は空間的なゆとりをもたらすことになるとも考えられる。人口減少が、むしろ1人あたりの豊かさを増やすかもしれないと考えるゆえんである。

(2) 人口減少のスピード

人口減少は、アメリカ合衆国を除く、多くの先進国が抱える共通の課題である[12]。ただし、これらの国と日本との大きな違いは、人口減少のスピードの速さである。

人口減少を食い止めるために、政府は合計特殊出生率を現在の1.41から2程度に引き上げる、第3子以降に手厚い出産・教育・育児の支援を進めるといった対処療法的な政策を掲げている。しかし、合計特殊出生率を向上させても、人口減少のスピードを緩和させることはできない。なぜなら、人口の増減は現在の年齢別構成によってほぼ決まるため、たとえ0歳児の人口を増加させることができても、それが人口増減のスピードに影響を及ぼすようになるためには20年以上かかるからである（1970年代に人口増加を抑制させるために、合計特殊出生率を下げることに成功しても、その効果が現れるのに30年以上必要だったのと同じ理由である）。歴史人口学者の鬼頭宏が指摘するように、「人口変動は、巨大なタンカーが方向転換するときのように、たいへん時間がかかるもの」[13]だからだ。

加えて、日本では人口減少とともに、高齢化率が急速に高まっていること

と、生産年齢人口が急減していることも課題となっている。これは、団塊の世代が高齢者に突入したという一時的な人口構造の歪みによって生じているものであるが、この世代のボリュームが巨大であるがゆえに、その変化も激しい。

　それでは、この人口減少のスピードの速さは、具体的にはどのような問題を生じさせるのか。それは、それまで成長を前提に構築されてきた既存の社会経済システムの変革を急速に強いることである。変革させるだけでも困難なのに、それを短期間に対応しようとすると、そのむずかしさは格段のものとなる。

　たとえば、社会保障制度。この制度を維持していくためには、生産年齢人口がある程度のボリュームで存在することが不可欠であるが、これが急激に減少していき、逆に高齢者が急増している。制度を支えるものが減り、支えられるものが増えているのだ。その変化に対応するための時間を稼ぐことができれば、システムを変更していくことも可能だが、現行のスピードの速さだとむずかしい。

　また、急速な高齢化は年金や医療・介護の支出を急激に増加させることなる。それに対応しつつ、現状の財政を維持するためには消費増税と歳出抑制を同時に進行させなくてはらないのだが、いくら危機的な状況にあっても、これらを急に遂行することはむずかしい。そもそも危機であることを人々に認識させることも困難であることに加え、既存のシステムによって既得権を得ているなど、システムを維持したいと考える人・組織が強く抵抗するからである。その結果、対応が遅れ、より大きなダメージを社会が被る可能性は高い。

(3) **地域間格差の拡大**

　人口減少が社会に大きなインパクトをもたらすのは必至であるが、そのインパクトは大都市ではなくて地方において、また自治体という単位では人口規模が小さい所ほど、より大きなものとなるであろう。とくに、人口規模が

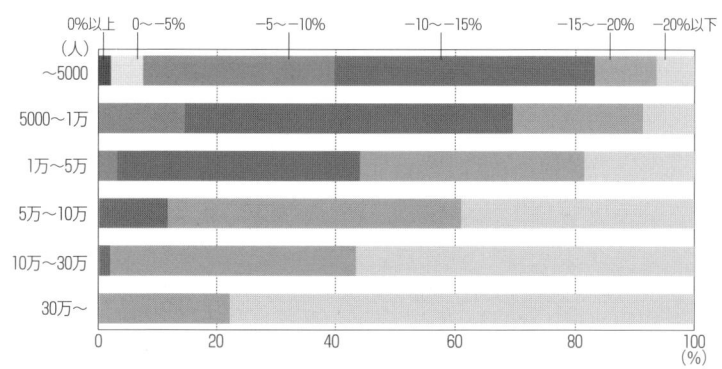

図1·7 自治体の人口規模別に見た人口増加率 (出所：国勢調査をもとに筆者作成)

小さい自治体は、都市（集落）が集積の経済を発現するクリティカル・マス[※14]より小さくなると、もはや都市（集落）を維持する経済的効用が消失してしまう。人口減少が、地域を「勝ち組」と「負け組」とに大きく選別させていく流れをつくりだしていることが懸念される。

事実、人口規模が小さい所ほど、人口減少は著しい。図1·7は自治体の規模別に2005年から2010年までの人口増減率を示したものだが、これより自治体の規模が少ない所ほど、人口の減少率が大きいことが理解できる。人口が5千人以下の自治体（合計218町村）のうち92.7％の212町村で人口が減少した。これらのグループにおいては、高齢化率40％以上が57自治体も占める（全国平均の高齢化率は23.1％）。人口が5千人以上1万人以下の自治体（合計239町村）でも90.0％の215町村で人口が減少、さらに1万人以上5万人以下の自治体でも726自治体中、81.5％が人口減少をしている。小さい所ほど人口減少は激しく、今後集落として機能しなくなる自治体が増えていくであろう。

これは、何も人口減少時代を迎えてからの新しい現象ではない。自治体ではないが、たとえば北海道旧阿寒町にあった雄別炭鉱。1896年に石炭の採掘を開始し、1923年に雄別炭礦鉄道が開業してから人口は増加。1950年代には雄別と隣りの布伏内（ふぶしない）と合わせた人口は1万2千人ほどあり、これは当時の阿寒町人口の6割を超えた。しかし、その後、炭鉱は閉山し、企業城下町

写真1・1　雄別炭鉱の廃墟跡

写真1・2　軍艦島の廃墟跡

となっていた集落群は無人地帯となり、現在の雄別の人口は0人、布伏内でも500人しかいない※15。

　また、長崎県旧高島町にあった端島（通称名：軍艦島）も1886年から石炭を採掘し、最盛期の1960年には人口5千人以上を記録したが、1974年の閉山を期に同年末には人口がゼロになった。

　これら二つの事例は、企業城下町であり、石炭産業という特定の産業に特化していたという特徴はあるが、類似の性格を有する集落は、今後、これらの事例と同じ道を歩む可能性は少なくないであろう。

　実際、自治体ベースでも、2007年に財政再建団体に指定され、事実上破綻した北海道の夕張市は、石炭業を中心に1960年には11万7千人の人口を

誇ったが、現在では人口1万人を割っている。2005年から2010年の人口変化はマイナス16％。これは全国の市でもっとも大きな減少率であった。人口規模は大きいが、早晩、雄別炭鉱と同じ道を辿る可能性は高い。

　2005年から2010年にかけて20％以上人口が減少した自治体は四つ。野迫川村（奈良県）、大川村（高知県）、占冠村（北海道）、黒滝村（奈良県）。これらのうち大川村は1972年の銅山の閉山により、人口減少が加速化。占冠村も1980年代後半にリゾート法による重点整備地区に指定され開発が進むが、客足が減少し衰退した。黒滝村も基幹産業であった林業の衰退など、地域経済がある特定の産業に依存している場合は、その産業の衰退とともに地域が衰退し、減少していく傾向にある。自治体としての存続が厳しい地域は今後、さらに増えていくであろう。

　ドイツの縮小問題がまさに他人事ではない状況に、日本の多くの自治体も直面しているのである。

【※注】
1. 係数の範囲は0から1で、係数の値が0に近いほど格差が少ない状態で、1に近いほど格差が大きい状態であることを意味する。ちなみに、1の時は1人がすべての富を独占し、0の時には完全な「平等」つまり皆同じ所得を得ている状態を示す。
2. 第3次全国総合開発計画は、旧国土総合開発法に基づく全国総合開発計画である。経済の安定成長や国土資源・エネルギーの有限性の顕在化等を背景に策定され、1977年に福田邦夫内閣で閣議決定される。大規模な工業開発に重きをおいた全総・新全総に対し、人間と自然との調和のとれた「人間居住の総合的環境」を計画的に整備することを基本的目標とし、開発のコンセプトとして「定住圏構想」を提起している。基調としては、大都市抑制、地方振興である。
3. Marcella Aglietti（2003）"*Modelli e politiche di genere*" p. 20
4. 広井良典（2013）『人口減少社会という希望』p. 7
5. マッシモ・リヴィバッチ（2014）『人口の世界史』p. 282
6. 鬼頭宏（2011）『2100年、人口3分の1の日本』p. 27〜28
7. 同上、p. 42
8. 日本経済新聞 2014.5.13
9. WWF（2012）『日本のエコロジカル・フットプリント』
10. たとえば食品廃棄をなくせば、食フットプリントの25％は削減できると試算されている。
11. 人口密度の低下がなぜ問題なのか。まず、駅やバスの停留所周辺の利用者が減るために公共交通の事業採算性が低くなり、サービスが悪化し、結果、自家用車での移動が主体となり、エネルギー効率がきわめて悪くなる。そして、サービスを供給する地点も人口密度に対応して減少

するために、交通目的地への移動距離が長くなるため、同じ用事を足すにもよりエネルギーを消費することになる。
12. アメリカ合衆国も国全体では人口は増加傾向にあるが、フロスト・ベルトなど地域によっては減少が著しい。デトロイト市の人口減少による財政破綻の記憶はまだ新しい。
13. 鬼頭宏（2011）『2100 年、人口 3 分の 1 の日本』p. 34
14. マーケティングに関する用語で、ある商品やサービスの普及率が一気に跳ね上がるための分岐点となっている普及率。
15. 釧路市ホームページ：

http://www.city.kushiro.lg.jp/shisei/gaiyou/aramashi/syoukai/0005.html

第2章

ドイツの都市・地域の縮小の実態と特徴

　本章ではドイツの都市・地域の縮小の実態と特徴に関してまとめる。とくにはなはだしい人口減少を経験した旧東ドイツの状況について整理する。その人口減少は社会体制の変革を契機としたものであったが、最近では、日本などと同様に旧東ドイツ内での小さい自治体から大きな自治体への人口流出などが見られるようになっている。ただし、近年、人口減少が止まり、都市によっては人口が増加し始めている所もある。20年近くに及ぶ縮小対策の成果が見られ始めているということであろうか。

2・1　旧東ドイツにおける人口減少の実態

　主要国における10年単位の人口増減率を表2・1に示した。これより、これらの国において人口がもっとも早く減少し始めたのはロシアで、1990年代にすでに人口が減少していることが分かる。次いで、人口減少が起きるのは日本である。2010年代に人口が減少に転じると推測されている国はイタリア、ドイツであり、2050年までには韓国、中国、フランスなども人口が減少に転じると推測されている。

　このように多くの先進国は、人口が減少するという大転換を、この50年で経験することになる。ゆえに、人口縮小という現象は多くの先進国が早急に対応をすべき共通の課題となる。

　さらに、国単位ではなく、その地域別に見るとすでに人口が過激に減少している地域がある。最近の研究では、人口20万人以上のヨーロッパの都市の42％が人口を縮小させているが、旧東ドイツでは4分の3の都市が人口

表 2・1　主要先進国における 10 年単位での人口変化率および予測値（%）

年	イタリア	韓国	ドイツ	日本	アメリカ	イギリス	フランス	中国	ロシア
1950〜1960	107	133	106	112	118	104	109	119	117
1960〜1970	107	128	107	111	113	106	111	126	109
1970〜1980	105	119	100	112	110	101	106	120	106
1980〜1990	101	112	101	106	111	102	105	116	107
1990〜2000	102	109	104	103	111	103	104	110	99
2000〜2010	101	104	100	100	110	103	104	106	96
2010〜2020	98	102	99	97	108	103	102	105	95
2020〜2030	97	100	99	95	107	104	101	102	94
2030〜2040	96	96	98	93	105	102	100	99	94
2040〜2050	95	94	98	92	104	102	99	97	94

（出所：国連統計局）

を縮小させている[※1]。日本における 20 万人以上の都市で 2005 年から 2010 年で人口が減少した都市は 37 % だけであることと比較すると、いかに旧東ドイツの人口減がすさまじいものであるかが分かる。

　旧東ドイツの都市は、ドイツが再統一された 1990 年以降、大幅な人口減少に見舞われ、1989 年における 1860 万人が 2008 年には 1650 万人まで減少した。これは、20 年間で 12 % も人口が減少したということだ。

　1997 年から 2003 年にかけてのドイツ全土の自治体の人口の変化率を見ると、人口が大幅に減少している地域、すなわちこの 6 年間で人口が 5 % 以上減少している地域は、ほとんどが旧東ドイツに集中している（口絵図 3 参照）。とくにメクレンブルク・フォアポンメルン州の東部、ブランデンブルク州の周縁部、そしてザクセン州のケムニッツ周辺からチェコとの国境沿い、ザクセン・アンハルト州のマクデブルクとハレ以外の地域、さらにチューリンゲン州のエアフルト周辺を除いた地域などにおいて、人口の減少が著しい。旧西ドイツの地域のほとんど（一部、ノルトライン・ヴェストファーレン州のエッセン周辺とザールブリュッケン地域の人口は減少している）がこの期間、人口を増加させていることとはきわめて対照的である。

　図 2・1 は 1995 年から 2013 年までの旧東ドイツの人口の推移を州別に示し

たものである。ベルリンを除けば、旧東ドイツのすべての州はベルリンの壁が崩壊してから1993年の間に人口が減少した。旧東ドイツにおいては、統合以前から、すでに人口減少の兆しはみえていたが、統合によって、それはさらに加速した。そして、その勢いは2011年まで続いたが、2011年頃から反転するトレンドが見え始めている。しかし、それはベルリン州における人口が増えたことが要因であり（図2・2）、依然として残り5州は、スピードこそ緩やかにはなっているが人口は減少する傾向にある。どちらにしろ、1990

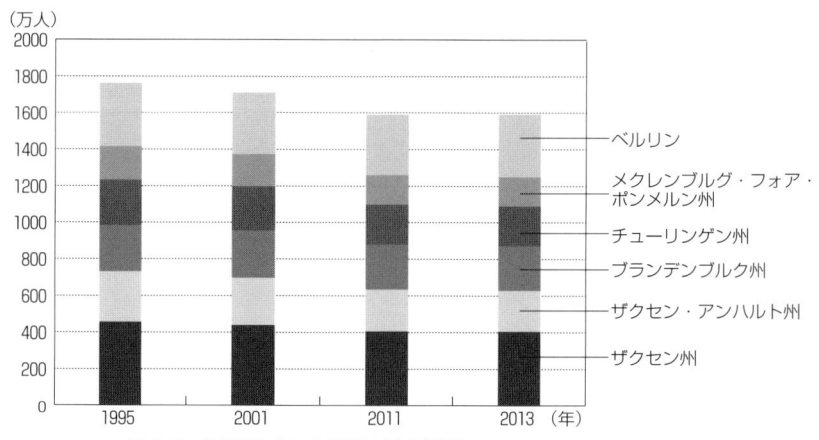

図2・1　旧東ドイツの州別人口の推移　(出所：ドイツ連邦政府)

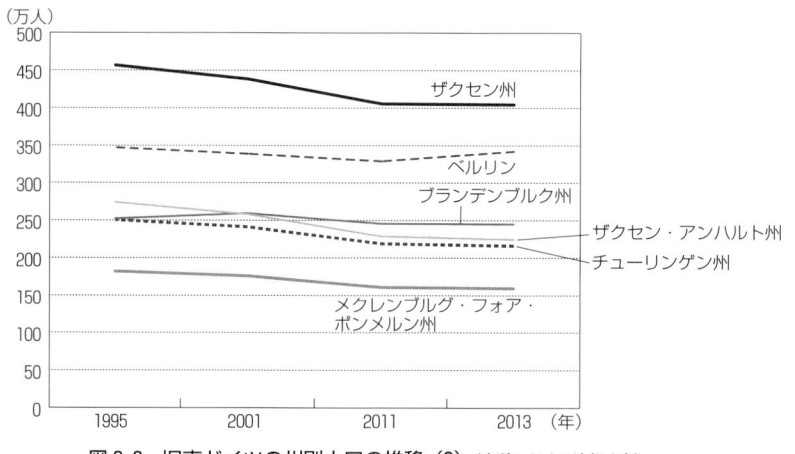

図2・2　旧東ドイツの州別人口の推移 (2)　(出所：ドイツ連邦政府)

年の再統一からの 20 年間の人口減少が都市・地域に与えたインパクトは相当のものがあったと推察される。

2・2　旧東ドイツの人口減少の要因

(1) 政治的な要因

　旧東ドイツにおいてドラスティックな人口減少をもたらしたのは、ドイツの再統一である。再統一直後の人口減少は経済的な理由ではなく、政治的な理由に基づいたものであった。1989 年の 7 月と 8 月には、数千の東ドイツの人々が、ブダペスト、プラハ、そしてワルシャワにある西ドイツ大使館に押し寄せ、保護を求めたのを契機として、11 月の第 1 週だけで 5 万人以上が東ドイツから出国し、1990 年の数カ月間は、1 日平均して 2 千人が東ドイツを去った[※2]。東ドイツの政治に失望した人の多くは、ドイツ再統一前後で東ドイツを去ったのである。

(2) 経済的な要因

　しかし、旧東ドイツに留まった人たちもその後、その土地から離れることになる。それは政治的な理由ではなく、経済的な理由に基づく。計画経済から市場経済へ移行することで、旧東ドイツの地域経済は崩壊する。工業は衰退し、農業組合が廃止され、行政組織そして軍は解散した[※3]。

　1992 年から 2002 年まで GDP の変化率と幾つかの社会経済統計の変化率とを回帰分析したところ、1989 年の工業に占める従業者の割合が高い地区ほど、GDP は減少傾向にあることが判明された。逆に自営業者の割合、そして大学卒業者の割合と GDP の増加率とは弱い正の相関が見られる（それぞれの相関係数は 0.393、0.335）[※4]。工業都市であるほど、統一による経済的ダメージを大きく被ったのである。

　表 2・2 は、1987 年から 2012 年までのドイツの主要都市の人口変化を見た

表2-2 旧東ドイツの主要都市における人口増加率(1987〜2012年)

都市名	1987/5/25	2012/12/31	増加率(%) 1987〜2012
ホイヤスヴェルダ	72,893	35,019	-51.96
バウツェン	56,271	40,273	-23.88
アイゼンヒュッテンシュタット	53,048 (1988)	27,410	-48.33
フランクフルト・アム・オーダー	86,441	58,537	-32.28
コットブス	128,136	99,913	-22.03
ロストック	249,349	202,887	-18.63
シュヴェリーン	128,328	91,264	-28.88
シュベーツ	55,082 (1989)	31,042	-43.64
ドレスデン	542,252	525,105	-3.16
ライプツィヒ	600,543	520,838	-13.27
ベルリン	3,260,000	3,375,222	3.53

(出所：ドイツ連邦政府)

ものであるが、ホイヤスヴェルダ、アイゼンヒュッテンシュタット、フランクフルト（オーダー）、コットブスなど旧東ドイツにおいて計画的に工業機能を担わせられた都市は20％以上も人口が減少している。とくに、石炭産業のホイヤスヴェルダ、鉄鋼業のアイゼンヒュッテンシュタットなど産業が工業へ特化していた都市ほど、その人口減少が大きいことが特徴である。再統一前の旧東ドイツは計画経済のもと、産業は工業に特化していたが、再統一後は、その非効率性などから競争力が欠如していたため、その8割近くが市場からの撤退を余儀なくされ、現在ではヨーロッパでも工業従業者がもっとも少ない地域となってしまっている[※5]。

旧東ドイツの社会減の経済的な指標として重要なものは失業率である。図2・3は旧西ドイツと旧東ドイツとの失業率の推移を見たものであるが、旧西ドイツの失業率は統一直後の1991年には旧東ドイツより高かった。しかし、この数字はすぐに逆転し、旧東ドイツでは1997年頃には20％近くまで急上昇し、その後、2005年頃まではほぼ20％近くで推移した。この雇用のキャパシティの差が旧東ドイツから旧西ドイツへと人々を移動させている最大

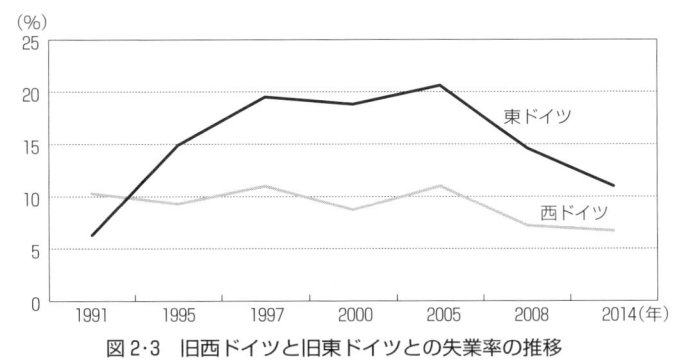

図2・3　旧西ドイツと旧東ドイツとの失業率の推移
(出所：Statistik der Bundesagentur für Arbeit (2015) : "*Arbeitslosigkeit im Zeitverlauf, Nürnberg*")

の要因であった。2005年以降は、失業率は旧東西ドイツとも低下しているが、それでもまだその差は解消されていない。

(3) 出生率の低下

　さらに旧東ドイツの状況を悪化させたのは出生率の低下である。1988年から1994年という6年間でその年間の新生児数は6割も減少した。

　ドイツ再統一後の15年間で、旧東ドイツから旧西ドイツへ移動したもののうち、3分の2以上が若い女性であった[※6]。この間、地域によっては、20歳代の女性の人口は30％も減少した。しかも、これら旧西ドイツに移動した女性の多くは高学歴者であった。

　そもそもドイツは出生率が低い国である。図2・4に旧東ドイツと旧西ドイツの合計特殊出生率の推移を示している。東西ドイツは壁によって隔てられ、まったく異なる社会システムであったにもかかわらず、人口構造は比較的類似していた。どちらも1950年代後半から1960年代にベビーブームを経験する。旧西ドイツは1965年にもっとも多くの出生数を経験する。その後、東西ドイツともほぼ人口成長がゼロというゼロ成長時代を迎え、旧西ドイツでは合計特殊出生率が1985年には1.3にまで低下する。旧東ドイツでは出産奨励策によって1970年代までは人口を増加しており、その後停滞するが、1980年代は旧西ドイツよりも合計特殊出生率は高かった。しかし1989年の

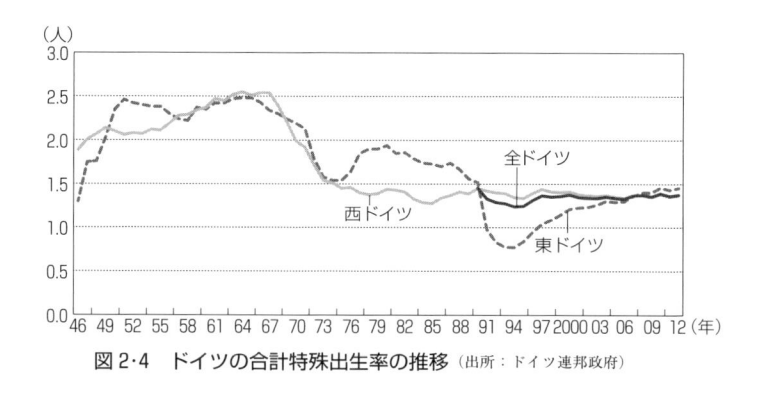

図2・4 ドイツの合計特殊出生率の推移（出所：ドイツ連邦政府）

ベルリンの壁の崩落からは、旧東ドイツから多くの人が外へ流出し、さらに出生率が減少したことで大幅な人口減を経験することになる。1989年から1991年の間に旧東ドイツの合計特殊出生率は38％も下がる。1991年における旧東ドイツの合計特殊出生率は0.98という異常に低いものであった。その後、この数字は回復傾向を示し、現在ではようやく旧西ドイツとほぼ同じになっている。

出生率が旧東ドイツで激減している理由として小林浩二は次の点を挙げている[※7]。

- 失業率19％（2004年）という数字に象徴されるように、旧東ドイツが経済、社会的に安定していないこと。
- 市民が、まず自らの生活を充実させることを優先させたこと。これは、旧東ドイツ時代、人々がとりわけ物質的な満足を得られなかったためである。
- 旧東ドイツ時代には、子どものある世帯のほうが良好な住宅を容易に手に入れることができたために、多くの旧東ドイツ市民は若くして子どもをもうけた。しかし、現状ではそのようなメリットがなくなり子どもを積極的につくらなくなった。
- 旧東ドイツの人口は旧西ドイツの20％にも満たないものであったが、1986年までの未婚での出産数は旧西ドイツのそれを大きく上回るも

のであった。1992年時点でも旧東ドイツにおける42％の出産は未婚の母によるものであった（旧西ドイツのそれは12％）※8。

このように妊娠にまつわる社会状況の変化、そして失業率の高まり、市場経済への急激な対応を強いられたこと、などにより旧東ドイツの女性は子どもを産まなくなったと分析されている。

(4) 郊外化

このような都市の疲弊に、さらにダメージを与えたのが郊外化である。旧東ドイツでは見られなかった郊外化が、ドイツ再統一後に進み、多くの都市は人口流出に悩まされることになる※9。

旧東ドイツ政府は都心にある古い住宅を手入れしなかったこともあり、郊外に団地を造成していたにもかかわらず慢性的に住宅不足であった。ドイツ再統一後は、政府は住宅を供給する必要はなくなったが、新たに顕在化した多様な住宅需要に対応するために、民間の住宅建設を支援し、住宅購入を促す制度をつくった。その結果、1990年代だけで69万3千戸が新築される。これらはほとんど戸建て住宅であり、都心部から離れた郊外において建設された※10。旧東ドイツ時代、都心部の土地は国が所有していたのだが、再統一後、旧東ドイツ以前の地主に返還されることになった。しかし、その地主を特定することは混迷し、その結果、都心部への投資は敬遠され、これも郊外化に拍車を掛けることになった。

郊外化は、通常はゆっくりと段階的に進んでいく。旧西ドイツでも1970年代から始まって30年近くをかけて緩やかに展開してきた。そして、郊外の大型ショッピングセンターは活力ある都心部の既存商店街と競合しなくてはならなかった。そして、それら既存商店街は時間をかけて大型郊外ショッピングセンターに対抗する戦略を策定することができた。

それに比して、旧東ドイツは壁が崩壊してすぐに郊外化が進んだ。1993年から1998年の間だけで、旧東ドイツの都市はその人口の10％を郊外化によって失った※11。これは、他の先進国でも見られないほど極端にスピー

ディなものであった。また、旧東ドイツの都心部の商店街は、そもそも市場経済下で商売をしてこなかったので、郊外に立地したショッピングセンターに競合する力も有していなかった。さらに、旧東ドイツ時代には高嶺の花であった自動車を、旧西ドイツと旧東ドイツのマルク交換レートを1対1とした政策によって、瞬間的に裕福になった旧東ドイツ住民が、こぞって購入した。そして、ショッピングセンターへ自動車で行くことが習慣になった郊外住民は、もはや都心に買物に行かなくなったのである。

ドイツ都市・国土計画アカデミー会長のハンス・アドリアンは、旧東ドイツにおいて都市の問題が顕在化した理由として、市民レベルの都市に対する意識が欠けていることを指摘した。そして、それによって開発者と投資家がはびこり、その結果、都市が単なる経済的な投資対象になっていることが、大規模なショッピングセンターを林立させることに繋がり、歴史的な中心市街地の衰弱を加速させていると説明する[※12]。これは、土地利用規制がしっかりしている旧西ドイツではほとんど見られなかったことであり、旧東ドイツ特有の問題であると考えられる。

ドイツはその土地利用計画制度がしっかりしていることで知られる。Fプラン（Flaechennutzungsplan）と呼ばれる市町村全域を対象とした法定都市計画があり、このFプランが策定されることで郊外開発はいたずらに展開できない。これが、旧西ドイツにおいて、日本やアメリカのような郊外開発が進展しなかった理由の一つである。それでは、なぜ旧東ドイツにおいては、Fプランが郊外開発の抑制に機能しなかったのか。それは、旧東ドイツの都市が、最初のFプランを策定したとき（1992年頃）、ほとんどの都市は将来を楽観的に捉えていたので、今後、都市は成長をしていくという予測を前提とした計画を策定してしまったからだ、とカッセル大学のフランク・ルースト教授は解説する[※13]。結果的に、成長をすることがなかったにもかかわらず、郊外化だけが進んだのである。

ライプツィヒでは1990年から2000年にかけて5万人も人口が減少した。それにもかかわらず、Fプランは都市の拡大を前提にした計画を策定したた

め、人口が減少したにもかかわらず、郊外化が進展してしまった。ドイツ再統一直後に、Ｆプランを旧東ドイツの役所の都市計画担当者が策定できたのか、というとむずかしかった。したがって、旧西ドイツのコンサルタントや不動産業者がやってきて、彼らに都合の良いようにＦプランが策定された。その結果、旧西ドイツでは進まなかった郊外開発が展開してしまったのである。この点は、同じように社会主義から資本主義へと経済体制を移行させたポーランドやチェコなどの国とは違う点であった。これらの国は、自ら都市計画制度を検討することができたが、旧東ドイツは旧西ドイツの制度をそのまま否応なしに使用しなくてはならなかったからである。

(5) 大都市への移住

また最近は、郊外だけではなく小さな自治体から大都市への移住も見られるようになっている。

図2·5は1995年を1として、1995年時点の自治体の人口規模によって人口の増減を見たものである。これより、人口規模と人口増減の関係性は、2001年以前と以後では違いが見られることが分かる。2001年以前においては人口規模が小さい自治体ではむしろ人口が増加していた。それに比して人口が1万人以上の自治体においては、ライプツィヒとドレスデンという人口30万人以上の都市を除けば、むしろ人口減少が激しいという現象がみてと

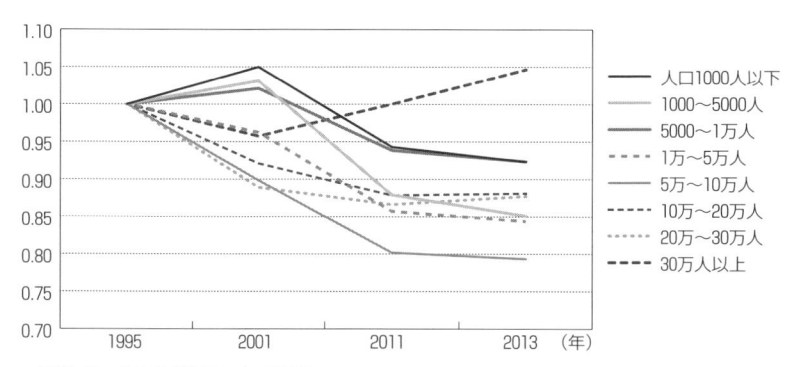

図2·5 人口規模別の人口推移（1995年を1とする）（出所：連邦政府資料をもとに筆者作成）

れた。

　しかし、2001年以降は日本とほぼ同様に、人口規模が大きい自治体は人口が増加、もしくは減少していてもその度合いは少なく、人口規模が小さい自治体のほうが、人口減少が激しい傾向がみてとれるようになる。旧東ドイツにおいても小さい村・町から大きな都市へと人口が流出するようになっていることが読み取れる。

(6) 負のスパイラルの転回

　以上、見てきたように旧東ドイツにおいては、ハンス・ピーター・ガッツヴァイラー博士が指摘するように「社会流出による人口減少、雇用喪失による高失業率は、購買力を減少させ、そして政府予算をも減少させる。その結果、投資額が減少し、経済投資や公共投資が減少し、これらがさらに人口そして雇用の喪失を促している」という負のスパイラルが転回したのである[※14]。

　失業率の高さ、収入の差、住宅を中心とした社会インフラの差によって、人材の旧東ドイツから旧西ドイツ、そしてドイツ国内だけでなく、オランダ、オーストリア、スイスへの流出も見られたのである。しかも、優秀な人材が多く流出したことが問題をさらに深刻にしていった。

2・3　旧東ドイツの縮小が及ぼした問題

　旧東ドイツが急激な人口縮小を体現するなか、さまざまな問題が顕在化し始めた。ここでは、人口の急激な減少がどのような問題を及ぼしたかについて、おもに都市政策的な観点から下記の4点を整理する。

　　(1) 空き家の増大
　　(2) 社会インフラの維持管理費の増大
　　(3) 商店等の市場環境の悪化
　　(4) マイナス・イメージの流布

(1) 空き家の増大

　人口減少は空き家を増大させる。この問題は旧東ドイツのほとんどの地域で見られた。連邦政府は「旧東ドイツにおける住宅セクターの構造的変化」という専門家による委員会を2000年12月から2001年10月まで招集した。この委員会は旧東ドイツには100万の空き家があり（全体の13％）、多くの住宅公社は破産寸前であることを報告した[※15]。

　空き家が増大した地区は大きく二つある。一つは第一次世界大戦以前につくられた古い集合住宅である。とくに19世紀後半から20世紀初頭（グリュンダーツァイト（Gründerzeit）と呼ばれる時期）にかけて都心部もしくは都心近郊部に建てられた集合住宅。これらの住宅は風呂が設置されておらず、また便

写真2·1　ライプツィヒの駅東地区のグリュンダーツァイトの集合住宅

写真2-2　シュヴェリーン市のプラッテンバウ団地（ノイ・ジッペンドルフ）

所も共同であるものが多かった。旧東ドイツ時代では、都心部のこれらの住宅の価値は顧みられることがなく、ほとんど投資がなされず、その住環境は劣悪であった。ライプツィヒの中央駅東地区、同市の西部にあるリンデナウ地区、コットブスのアルトマルクト周辺、シュヴェリーンの中央駅西地区等がこれらに該当する。ドイツ再統一後は、この建物が集積している地区は大きな課題を抱えることとなる。

　もう一つは、旧東ドイツ時代につくられたプラッテンバウと言われるパネル工法でつくられた集合住宅が林立する、都市の周縁部においてきわめて計画的につくられた団地である。これらの団地は、地域暖房や風呂が各戸に設置されるなど、旧東ドイツ時代は多くの人の憧れの住宅であったが[16]、ドイツ再統一後は社会主義の象徴として捉えられ、その単調さ、画一さが敬遠されることになる。郊外の戸建て住宅地、他都市での雇用など、他の選択肢が広がるとプラッテンバウの住民も若者から移動を始め、建物によっては高い空き家率を示すことになった。

(2) 社会インフラの維持管理費の増大

　人口が減少すると、地域暖房、上下水道などの社会インフラの維持管理費が高騰する。とくに、下水はあまり使わないでおくと10年間でコンクリー

ト管は腐食する。これは、硫酸塩が付着するからである。それを阻止するためには、常にコンクリート管に水を流していくことが必要なのだが、住民が少なくなると流れる水も少なくなってしまう。ルール大学のリーンハード・レッチャー教授は、「3千人の住民を想定した住宅団地

表2-3 ヨーハンゲオルゲンシュタット市における1人あたりに必要な管の長さ (m)

管の種類	2001年	2016年（予測値）
上水道	9	14.3
下水道	6	7.4
ガス	4.4	6.9
地域暖房	0.7	1.1
電気	20.3	32.1
合計	40.4	61.8

（出所：Lars Marschke, 2006 "Stadttechnische Infrastruktur in schrumpfenden Städten"）

においては、30％以上の空き家率を越えると、大幅に下水道システムの維持管理費が増大する」と述べている[17]。

　また、ドレスデン市役所の都市計画職員であるラース・マルシュケ氏は、ドレスデン郊外にあるヨーハンゲオルゲンシュタット市を事例にシミュレーションを行い、同市の人口が縮小することで、社会インフラを供給するために必要な1人あたりの管の長さがどのように変化をするかを研究し、発表している[18]。表2-3は2001年の実測値と2016年の予測値を示したものであるが、これは人口が縮小することで必要となる1人あたりの社会インフラの負担が多くなることを示唆している。

　また、これらに加えて、人口減少は学校や図書館等の公共施設の利用率、そして公共交通や道路などの利用率を低下させ、それらの供給コストを高くする。1989年から2010年までに、児童数の減少により旧東ドイツでは経費削減のために約2千の小学校を閉鎖した。

(3) 商店等の市場環境の悪化

　人口が減少するということは、消費者も減るということである。また、旧東ドイツの商店等は市場経済に晒され、そうでなくても新しい市場環境に慣れていない状況下で、多くの商店が閉店を余儀なくされている。アイゼンヒュッテンシュタット市（後述）の伝統的集落においてはドイツ再統一後の14

年間には商店が70軒中13軒閉店したという報告がある[※19]。

商店の減少は都市の商業地としての魅力を大きく減じ、それがまた人口減少を促すというマイナスのスパイラルを転回させていく。商店の閉店は、人口減少だけでなく、郊外の大規模商業施設の開発や、旧西ドイツのチェーン・ストア展開なども要因となっている。ドイツ再統一後、旧東ドイツでは旧西ドイツと比べてショッピングセンターが郊外に多く立地し、旧西ドイツよりもさらに都心の商店街がダメージを受けることになる。表2・4に、1991年から1997年までの旧西ドイツ、旧東ドイツの年別ショッピングセンター立地数を示しているが、90年代において、旧東ドイツは旧西ドイツの4分の1程度の人口しかないにもかかわらず、多くのショッピングセンターが立地したことが分かる。

表2・4 旧西ドイツ、旧東ドイツのショッピングセンター立地数（1991～1997年）

年	旧西ドイツ	旧東ドイツ
1990年まで	96	1
1991	7	3
1992	5	6
1993	2	25
1994	2	25
1995	13	20
1996	7	13
1997	9	6
合　計	141	99

（出所：EHI Retail Institute）

(4) マイナス・イメージの流布

人口が縮小していくという現実は、そもそもマイナス・イメージをともなう。これが伝染病のように流布していくことで、地域のイメージがさらに悪化していく。日本でも人口縮小はスキャンダルのようにマスコミにおいて否定的に取り上げられることが少なくないが、ドイツも同じ傾向が見られる。

旧東ドイツの縮小都市も、このマイナス・イメージによって、さらに縮小が加速した。沈む船から一早く脱出しようと人々は動いたのである。この縮小にともなう都市・地域のマイナス・イメージをいかに払拭するかも、後述する縮小都市の政策において重要な目的となる。

【※注】

1. Annegreat Haase, et al.（2013）'Varieties of shrinkage in European cities' in "*European Urban and Regional Studies*" Sage Publication
2. ウォルター・ラカー（1999）加藤秀治郎他訳「「戦後」時代の終焉」『ヨーロッパの現代史』芦書房、p. 200
3. Hannemann, C.（2004）'Marginalisierte Städte. Probleme' in "*Differenzierungen und Chancen ostdeutscher Kleinstädte im Schrumpfungsprozess*" Berlin.
4. Rupert Kawka（2006）'Regional Disparities in the GDR – Do they still matter?' in "*German Annual of Spatial Research and Policy*" p. 51
5. Thosten Wiechmann, et al.（2014）'Making Places in Increasingly Empty Spaces' in "*Shrinking Cities International Perspectives and Policy Implications*" Routledge, p. 126
6. 'Lack of Women in Eastern Germany Feeds Neo-Nazis' in "*Spiegel International*" 2007. 05. 31. Retrieved 2009. 10. 11
7. 小林浩二（1998）『21世紀のドイツ』大明堂、p. 186
8. 旧東ドイツでは、男女平等の考えが普及していたこともあり、出産するために結婚という条件は必ずしも必要としなかった。このことが、出生率を増加させるうえではプラスに働いた。
9. Fritsche Miriam et al.（2007）'Shrinking Cities – A New Challenge for Research in Urban Ecology' in "*Shrinking Cities: Effects on Urban Ecology and Challenges for Urban Development*" p. 19
10. Anja Nelle（2013）"*Adapting to Shrinkage: The dual approach of upgrading and demolition in east German cities*"
11. Stadtumbau IBA 2010 Sachsen Anhalt のホームページ
http://www.iba-stadtumbau.de/index.php?fakten-dessau-rosslau
12. トーマス・ジーハーツ、蓑原敬監訳（2006）『都市田園計画の展望』学芸出版社、p. 165
13. フランク・ルースト氏への取材による（2015. 8）
14. Gatzweiler et al.（2003）Schrumpfende Stätde in Deutschland? Fakten und Trends, in BBR（Bundesamt für Bauwesen und Raumordnung）
15. Anja Nelle（2013）"*Adapting to Shrinkage: The dual approach of upgrading and demolition in east German cities*"
16. 同上
17. Lienhard Lötscher et al.（2004）"*Eisenhüttenstadt: Monitoring a Shrinking German City*" DELA21
18. Lars Marschke（2006）"*Stadttechnische Infrastruktur in schrumpfenden Städten*"
19. Frank Howest（2004）"*Eisenhüttenstadt Auf und Umbau Einer Geplanten Stadt*" Univ. Bochum, Fakultät für Geowissenschaften, p. 45

第3章
旧東ドイツの縮小政策プログラム

3・1 シュタットウンバウ・オスト・プログラム

　1990年代の終わりにおいては、旧東ドイツは大きな都市問題を抱えていたことが明らかとなった。前述した連邦政府の「旧東ドイツにおける住宅セクターの構造的変化」の委員会の報告書は、旧東ドイツにおいて人口減少にともなう空き家の増加が深刻な問題を起こしていることを指摘した。

　そして、その結果を踏まえてドイツ連邦政府は、都市計画的に縮小の問題をコントロールし、ダメージを最小化させ、より持続可能なコミュニティに転化させていくために、縮小問題に悩む自治体を支援する連邦プログラムを策定することになった。このプログラムは「シュタットウンバウ・オスト (Stadtumbau Ost)」と名づけられた。同プログラムは実質的には都市縮小プログラムであるが、シュタットウンバウは都市再生という意味である。カッセル大学教授のフランク・ルースト氏は、「人々の抵抗を和らげるために実質的には都市縮小政策ではあるが、そのようなイメージを喚起させないシュタットウンバウという言葉をプログラムの名称として使っている」と指摘する。

　このシュタットウンバウに「東」の意味のオストをつけた「シュタットウンバウ・オスト・プログラム」[※1] は、ドイツ再統一後、旧東ドイツ地域で顕在化したさまざまな構造的問題に緊急かつ総合的に対応しようとして連邦政府が旧東ドイツ地域の諸州と連携しながら開始したプログラムである。同プログラムは2002年から、連邦・州の共同プログラムとして開始し、当初は

2009年までの8年間の時限補助プログラムとして制定された。2009年、連邦議会はこのプログラムの2010年から2016年までの継続を決定した。連邦政府はこの間、21億ユーロの予算を計上し、開始以来、410以上の市町村の900地区で同事業が実施されている[※2]。

(1) 目的

その大きな目的は、①住宅供給を減らし（撤去し）、住宅公社を破産から守る、②傷んでいる住宅ストックを保全する、③都市の規模を調整し、人口縮小に対応させる、ことである[※3]。

シュタットウンバウ・オストの連邦政府補助金を取得するためには、「都市計画発展コンセプト」（INSEKもしくはISEK、SEKOなど。その名称は自治体によって異なる。マスタープランと英訳される場合もある）を策定することが必要であった[※4]。「都市計画発展コンセプト」とは、法的拘束力をもたない（インフォーマルな）自治体が策定する都市計画である。それは、自治体の都市計画の指針（コンセプト）を示すものであるが、その後、変更も可能である。

Fプランを策定するうえでは、都市計画発展コンセプトを策定していることが前提条件となっている。それと同じ文脈で、シュタットウンバウ・オスト・プログラムの補助金を得るためにも、この都市計画発展コンセプトがつくられていることが必要となったのである。そこでは、都市全体においてどこを、どのように縮小させるかのビジョンが検討されていることが求められ、そのコンセプトを具体化させるための10年以上の長期にわたる実行プログラムを考える必要があった。そして、その実行プログラムがうまく機能するためには、役所、議会、住宅管理組織、住民などの関係者を積極的に関与させることが重要であった。なぜなら、都市縮小政策を実践するうえでは、人々が都市を縮小していくという現実を受け入れることが前提となるからである。

そして、シュタットウンバウ・オストとして連邦政府に認められるための企画コンペが実施された。コンペ案が承認されるためには、以下の条件が満たされることが望まれた。

- 政治的に議論を重ねること
- 経験的な知見に基づくこと
- エコロジカルに対処すること
- 社会的にやさしいこと
- 文化的に協調していること

(2) 内容

シュタットウンバウ・オスト・プログラムは、次の四つの内容から構成される[※5]。

- 更新（2002年から）
- 撤去（2002年から）
- 都市のインフラの改修（2006年から）
- 古い建物の改修および保全（2006年から）

これらの内容について概説する。

❖更新（Aufwertung：Upgrading）

歴史のある都心部など、その都市のアイデンティティに関わる地区に存在する重要な建物を改修・保全することや、利用されなくなった工場や軍用地跡地の再利用、公共空間のリデザインや、社会インフラの改善などに適用される。実際の事業費や、計画を策定するための費用に使用することができるが、この事業は自治体が主体的に行うと考えられるために、費用の1／3を連邦政府が、1／3を州政府が、そして残りの1／3を自治体が負担することになる[※6]。

❖撤去（Ruckbau: Demolition）

撤去は、その自治体の持続可能性を高めることを目的として実施する。撤去は他に状況を改善させる選択肢がない時の最終手段として捉えられるべきであるが、空き家の多い団地を撤去することで、供給過多の住宅市場を改善し、その都市全体の持続可能性が高まる場合は、その実施を検討すべきである。歴史的な建物がこの事業で撤去させられないように、撤去対象の建物は

1919年以降に建設されたものに限られている。

　撤去は基本的には、住宅だけでなくそれに附随する地域暖房や上下水道のネットワークなどの社会インフラも存続させないですむように、それらを含めた区画単位ですることが望ましいが、実際は、そう簡単には実施できない。これは住宅の撤去には、社会的・技術的な問題が関わってくるからである。したがって、区画のなかの一つもしくは少数の建物だけを撤去するという手法が広く行われたり、建物の骨格を残し、階数だけを低くする減築が行われたりしている。これは、建物は変えても、空間構造は変えない手法である。この事業は基本的には住宅公社が実施することになるので、全費用の１／２を連邦政府が、１／２を州政府が負担することとした。市はいっさい、費用の負担をしなくても良い[※7]。

❖都市のインフラの改修（2006年〜）

　2002年から上記の二つのプログラムを実施し始めたが、都市インフラも建物の撤去、都市地区の更新に合わせて再構築させることが必要であることが明らかとなった。そこで、これら都市インフラ（地域暖房、上下水道等）の撤去、もしくは改修、さらには幼稚園や学校などの改修や転用などに関しての費用もシュタットウンバウ・オスト・プログラムのなかから捻出できるようにした。これは、自治体もしくは、公共事業会社が実施するので、場合によっては上限３割で自治体が費用負担をする。

❖古い建物の改修および保全（2006年〜）

　このプログラムは基本的には「更新」でのメニューを古い建物に特化させることを目的として、つくられたものである。自治体に積極的に取り組ませることを意図しているので、この事業の自治体負担はゼロである。

(3) 事業の実施状況

　シュタットウンバウ・オスト・プログラムの事業別の予算推移を見たものが図3・1である。

　2002年から2005年までは「撤去」に多くの予算が配分されていたが、

図3·1 シュタットウンバウ・オスト・プログラムの事業別の予算推移
（出所：ドイツ連邦交通・建築・都市開発省（2012）Bund-Länder-Bericht zum Programm Stadtumbau Ost）

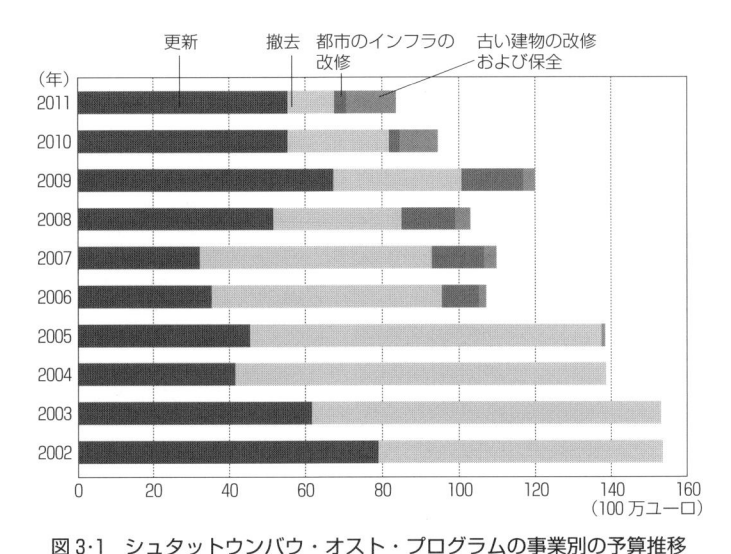

2008年以降は「更新」のほうが多くなっている。とくに2010年以降は「撤去」の占める割合が大幅に減っている。さらに、2006年に新設された「古い建物の改修および保全」も2010年以降は比較的、多く事業費をつけている。このような推移から、建物の「撤去」は初期のシュタットウンバウ・オスト・プログラムにおいて展開された事業であり、2010年以降は都心の強化へと政策の重点がシフトしたと考察できる。

また2011年までにシュタットウンバウ・オスト・プログラムに参加した自治体数を州別に見たものが表3·1である。これより、ザクセン州とメクレンブルク・フォアポンメルン州が多く、ブランデンブルク州が少ないことが分かる。ただし、州別に減築数を見ると、もっとも多いザクセン州に続くのはザクセン・アンハルト州で、その次はブランデンブルク州となり、もっとも少ないのはメクレンブルク・フォアポンメルン州となる（図3·2）。ザクセン州は2008年以降も減築を多く手がけており、シュタットウンバウ・オスト・プログラム以外でも減築を遂行している。この表からも、同じ旧東ドイツで

表3-1 シュタットウンバウ・オスト・プログラムに参加した州別の自治体数

	参加自治体数
ベルリン	1（15地区）
ブランデンブルク	38
メクレンブルク・フォアポンメルン	131
ザクセン	132
ザクセン・アンハルト	66
チューリンゲン	74
合　計	442

（出所：ドイツ連邦交通・建築・都市開発省（2012）Bund-Länder-Bericht zum Programm Stadtumbau Ost）

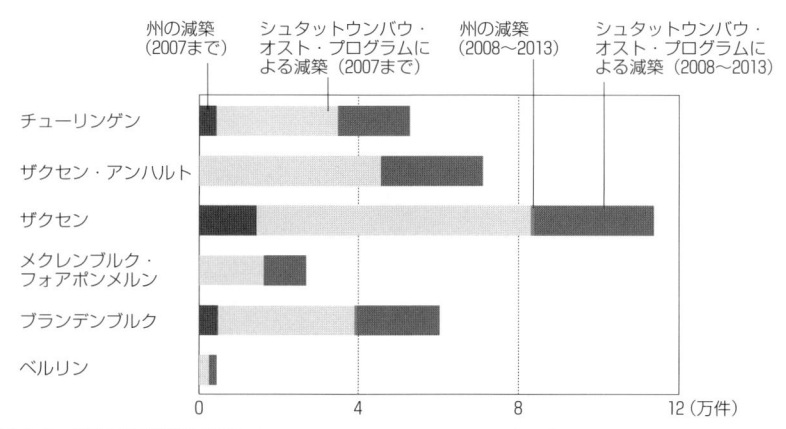

図3-2　州別の減築数（出所：Angaben der Länder an das BMUB（2008）"Dritter Statusbericht der Bundestransferstelle Stadtumbau Ost" などから筆者作成）

も地域によって、減築に力を入れる地域とそうでない地域に分かれることが理解できる。

(4) 成果と課題

　シュタットウンバウ・オスト・プログラムは、「旧東ドイツの住宅市場を安定化させ、住宅地および商業地としての都市機能を強化することに貢献した」[8] と連邦政府は事後評価している。

　2007年までに旧東ドイツにおいてシュタットウンバウ・オスト・プログ

表3-2 シュタットウンバウ・オスト・プログラム対象地区の空き家率の州別推移 (%)

州　　　名	2001年	2010年
ブランデンブルク	14.2	9.3
メクレンブルク・フォアポンメルン	12.1	10.9
ザクセン	13.4	12.7
ザクセン・アンハルト	16.5	14.8
チューリンゲン	16.8	9.5
旧東ドイツ全体	14.0	12.0

(出所：ドイツ連邦交通・建築・都市開発省 (2012) Bund-Länder-Bericht zum Programm Stadtumbau Ost)

ラムによって減築した戸数は19万7735戸。さらに、2013年までに10万6572戸を減築したので、シュタットウンバウ・オスト・プログラムで30万4307戸が減築された。これによって、旧東ドイツにおいても空き家率が大幅に減少することになる。

　表3-2に2001年から2010年における州別のシュタットウンバウ・オスト・プログラム対象地区における空き家率の推移を見た。どの州においても、同プログラムの対象地区においては空き家率が減少している。とくにチューリンゲン州は16.8％から9.5％と大きく減じている。この期間、人口も減少していたことを考えると、この空き家率が減少したことは、シュタットウンバウ・オスト・プログラムの功績が大きかったのではないかと推察される。この空き家率の減少は、住宅公社の破産を回避することに大きく寄与した[※9]。

　また、「更新」事業であるが、これに関しても連邦政府は多くの成果をあげることができたと評価している[※10]。これらの評価は「撤去」事業と違って定量的な分析に基づいていないので、多少、自画自賛との印象を受けるかもしれない。ただし、筆者はこの10年以上、旧東ドイツの都市を断続的に訪問しているが、その都心部の大きな変貌には驚くばかりである。したがって、費用対効果に基づくわけではなく印象論になってしまうが、ずいぶんと都心部は改善されたという感想を抱いている。とくにコットブス、ゲーリッツ、シュヴェリーン、ロストックなどは驚くほど良くなっている。

　シュタットウンバウ・オスト・プログラムの改善点としては、連邦政府の

事後評価報告書において次のことがあげられている[※11]。

　①撤去するかどうかを指定する際には状況に応じて、自治体が柔軟に判断できるようにする。
　②これら撤去事業に関しては、連邦政府が潤沢な予算措置を取り、側方支援することが望ましい。
　③住宅の撤去のための予算は自治体負担がない状況を今後も維持させる。
　④1918年以前の建物は、撤去対象からはずすことを今後も継続させる。
　⑤古い建物等を近代化させるための投資を促す方法を検討する。
　⑥撤去プログラムのモニタリングを充実させる。

一方で、在野の研究者はこのプログラムをそれほど評価していない。例えば、マティアス・ベルントはこのプログラムの特徴を次の3点にあると解説している[※12]。

　①ドイツ再統一後の旧西と旧東とのギャップを埋めることを目的とするのではなく、再統一後の連邦政府の政策の誤りに対処したプログラムであること。
　②ドイツの住宅開発の歴史において初めて、その後の開発計画なく、単に住宅を撤去するプログラムであること。
　③このプログラムを持続可能な都市開発の一環として位置づけようとしていること。

また、マンフレッド・キューンはより批判的にその特徴を次の3点にまとめている[※13]。

　①この政策は基本的には縮小都市における空き家が増えた団地の住宅を撤去するものであり、その撤去する住宅が立地する地区の価値を高めたり、そこの地区住民の雇用を創出したりする目的はまったくないこと。
　②行政指導のトップダウンであり、住宅公社は関与するが、金融業者を含む民間業者や住民がその判断等に関与することはほとんどなかったこと。

③そして、撤去の後のビジョンを展望できるような施策がほとんど提示されなかったこと。

　この二人の評価は、当事者である連邦政府に比べると、ずいぶんと厳しいものとなっている。総じて、「住宅撤去」を優先したプログラムであり、住民より住宅公社の経営改善や社会インフラの維持管理費削減に早急に対応することが念頭に置かれたことは確かであろう。

　ただし、細かい点に関しては事例によって若干異なる。トップダウンで遂行されたことは確かであるが、住民がその判断等に関与した程度は事例によって異なる。さらに、撤去後のビジョンを提示した事例も、ライネフェルデやデッサウなど幾つか存在する。また、同プログラムの第1期と第2期とでもアプローチは異なっている。たとえば、第2期においては、金融業者はステークホルダーとして相当、発言力が高まっている。これらのことを考えると、上記の批判もシュタットウンバウ・オスト・プログラムの一面だけを捉えて批判している側面もあると言える。

　その位置づけからして、決して満点が与えられるプログラムではなかったかもしれないが、縮小都市というむずかしい問題を扱ったプログラムとしては、それなりの成果と意義が確認されたと考えられている。とくに、そのポイントは人口減少という望ましくない状況に陥っても、それを無理矢理是正させるという難題に取り組むのではなく、人口減少を前提とした将来像を自治体に描かせた所にある。それは、都合の悪い将来をもしっかりと見据える能力に長けたドイツらしい都市政策であるとも考えられる。

3・2　その他のプログラム

　シュタットウンバウ・オスト・プログラム以外に縮小政策に関係する二つのプログラムを簡単に紹介する。「シュタットウンバウ・ヴェスト・プログラム」と「社会都市プログラム」である。

(1) シュタットウンバウ・ヴェスト・プログラム

　シュタットウンバウ・オスト・プログラムが対象とする縮小問題は旧東ドイツだけではなく、旧西ドイツの都市にも存在するという指摘から、同プログラムを参考にして 2004 年から開始された旧西ドイツを対象にしたプログラムである。その背景には、連邦政府の都市計画助成が旧東ドイツに傾斜していることへの旧西ドイツの自治体の不満があった。これは 2004 年から 2011 年にかけて約 5 億ユーロを助成する事業であり、旧西ドイツの約 400 の市町村が対象となった[14]。

　その目標は、都市計画的発展コンセプトをベースにして、持続可能な都市計画的構造をつくりだすことにあり、空き家の減少、ブラウン・フィールドの利用促進、都市のアイデンティティの強化、といった成果が得られていると連邦政府は事業評価をしている[15]。

(2) 連邦政府の「社会都市プログラム」

　ドイツ連邦政府は 1999 年に、自治体支援のプログラムとして「社会都市プログラム」という支援事業を設立した。これは、「開発や更新需要のある地区への総合的な都市再生支援プログラム」[16]である。とくに問題を抱える都市において、生活環境を改善するための支援プログラムであり、これは「既成市街地の再生が物的環境の整備に重点が置かれていたのに対して、社会的にバランスのとれた都市・地区を再生するために、参加や協働を支援し、総合的なプログラムを提供しようというものである」[17]。

　2012 年にはさらにプログラムの内容が更新され、社会的な連携、すべての住民の結びつきを強化するなどして、地域のコミュニティを強くする方針が提示されている。これは、そのようなコミュニティ力がないと、生活環境を改善することがむずかしいとの考えによる。「社会都市プログラム」を調査した室田昌子は、コミュニティのネットワーク強化が、「衰退市街地のハード的、ソフト的な問題の解決に力を発揮し、さらに経済再生に繋がると期待されているところに（ドイツの）特徴がある」と言及している[18]。そのた

めに、多様なるプレイヤーの協働を図ることも重視しており、市役所の部署の横断的な連携はもちろん、企業、住民団体、そして住民自身の積極的な関与を促すように努めるという方向性を打ち出している。

2011年までに375自治体で603地区が、この「社会都市プログラム」を実践している。

シュタットウンバウ・オスト・プログラムやシュタットウンバウ・ヴェスト・プログラムは、ハード面での施策が中心となっているので、ソフト面での縮小問題に対処するうえでは、「社会都市プログラム」のほうが使い勝手が良いと自治体では捉えられている。後述する事例でも、たとえばホイヤスヴェルダでは、これまでシュタットウンバウ・オスト・プログラムで建物の撤去を行っていたが、ある程度の建物の撤去が遂行され、今後は、むしろコミュニティ問題といったソフト面での課題に対処することが必要となっている。そこで、同市では初めて「社会都市プログラム」に申請しようと準備をしているそうだ（2015年時点）。このように、今後は「シュタットウンバウ・オスト・プログラム」が退行して、「社会都市プログラム」の重要性がより強まっていくのではないかと推察される。

【※注】
1. 「シュタットウンバウ・オスト」は「東の都市改造」と一般的には訳されているが、本書では、日本語に訳すことで、その言葉のイメージから実態を誤解することを避けるために、あえて原語のままにしている。
2. 大場茂明（2004）「ドイツにおける都市再生の新たなる戦略 – Stadtumbau Ost プログラムを中心として」『人文研究』55-3、pp. 141～164
3. Mattias Bernt et al. (2013) 'How does Urban Shrinkage get onto the Agenda? Experiences from Leipzig, Liverpool, Genoa and Bytom' in "*International Journal of Urban and Regional Research*" John Wiley & Sons Ltd.
4. Anja Nelle (2013) "*Adapting to Shrinkage: The dual approach of upgrading and demolition in east German cities*"
5. Bund-Länder-Bericht zum Programm Stadtumbau Ost, Bericht der Bundesregierung an den Deutschen Bundestag, erstmals erschienen als Bundesdrucksache 17/10942
6. Robert Schnell (2011) "*Urban Restructuring in the New Federal State*"
7. 連邦政府のシュタットウンバウ・プログラムの担当アンジャ・ネレへの取材（2015. 7）に基づく。

8. Bundesinstitut für Bau-, Stadt- und Raumforschung（BBSR）：
   http://www.bbsr.bund.de/BBSR/DE/Veroeffentlichungen/Sonderveroeffentlichungen/2005undaelter/DownloadZwischennutzung/einzelkapitel4.pdf?__blob=publicationFile&v=2
9. ドイツ連邦交通・建築・都市開発省（2012）Bund-Länder-Bericht zum Programm Stadtumbau Ost
10. 同上
11. Bundesinstitut fur Bau-, Stadt- und Raumforschung（BBSR）：
    http://www.bbsr.bund.de/BBSR/DE/Veroeffentlichungen/Sonderveroeffentlichungen/2005undaelter/DownloadZwischennutzung/einzelkapitel4.pdf?__blob=publicationFile&v=2
12. Matthias Bernt（2006）'Six Years of Stadtumbau Ost Programme: Difficulties of Dealing With Shrinking Cities' in "*Shrinking Cities: Effects on Urban Ecology and Challenges for Urban Development*" p. 95
13. Manfred Kühn（2006）'Strategic Planning' in "*Shrinking Cities*" Vol. 2
14. 大村謙二郎（2013）「ドイツにおける縮小対応型都市計画」『土地総合研究』2013年冬号
15. ドイツ連邦交通・建設・都市開発省（2012）"Stadtumbau West Evaluierung des Bund-Länder-Programms"
16. 室田昌子（2010）『ドイツの地域再生戦略　コミュニティ・マネージメント』学芸出版社、p. 42
17. 同上、p. 42
18. 同上、p. 13

コットブスのザクセンドルフ・マドローでの団地撤去

第Ⅱ部
縮小都市の横顔

■

　第Ⅱ部ではドイツが抱える縮小都市の実態を理解してもらうために、八つの事例を紹介する。これらの事例から見えてくるのは、同じように人口は縮小していても、その社会経済的背景は多様であるということだ。人口が縮小しているきっかけは、ドイツの再統一という大きな社会体制の変革があったからだが、その後の人口減少は都市によって様相が異なるし、また、縮小への対策も多様であることが事例を通じて見えてくる。

第 4 章

アイゼンヒュッテンシュタット
Eisenhüttenstadt　　〈人口 27,444 人（2014 年現在）〉

4・1　概要 ― ドイツ最初の社会主義の都市

　アイゼンヒュッテンシュタットはブランデンブルク州の都市で、ポーランドの国境であるオーダー川沿いにある。1950 年にソビエト連邦の第 3 会議にて、製鉄所と近隣の村からなる新都市をつくることが決定され、1951 年から製鉄コンビナートを中核とした工業都市として、重要な産業拠点に位置づけられ、開発された。

　旧東ドイツは 1950 年代以降、社会主義の理念に基づいた都市づくりを展開した。具体的には「都市の中心部に大きな広場をつくり、その周辺に共産党の建物などの重要な政治的機能を有する建物を配置」「この広場から周辺に向かって延びる広幅員の目抜き通り（マギストラーレ）を整備」「この目抜き通りに沿って、行政機能を有している大きな建物を配地」することなどが規範とされた。アイゼンヒュッテンシュタットは、これらを含めた「都市の 16 の原則」に基づいて忠実に建設された「戦後復興のための製鉄所」「ドイツ最初の社会主義の都市」と形容された都市である[※1]。

　1953 年にこの新都市はスターリンシュタットと命名されるが、1961 年に隣接していたオーダー川の舟渡し場として形成された集落ヒューステンベルクを合併してアイゼンヒュッテンシュタットに改名する。ドイツ語でアイゼンは「鉄」、ヒュッテンは「工場」、シュタットは「都市」であるから、「鉄工場の都市」という、名は体を表す都市である。

　1965 年に製鉄所がつくられ、1968 年には稼働し始める。それは都市の中

心に位置づけられ、マギストラーレからは、この製鉄所の巨大な煙突が象徴的に展望できるように計画された。「労働者こそが主人である」という強いイデオロギーが表現された都市である。社会主義時代にこのように産業発展を意図してきわめて計画的につくられた工業都市は、他にも石油産業のホイヤスヴェルダ、製紙産業のシュヴェートなどがある。

　東西ドイツが合併された後では、そこに製鉄所を立地させる地理的優位性はほとんど消失したが、社会主義時代はロシアの鉄鉱石とポーランドの石炭を使って、ドイツの土地で製鉄するという観点からは望ましい場所であると考えられた。そして、旧東ドイツでは最大の製鉄所である「EKO スティール」がつくられた。

　アイゼンヒュッテンシュタットへはベルリンから列車を乗り継いで、2 時間ほどで着くことができる。鉄道駅は中心市街地から離れている。筆者は、この都市へこれまで何回か訪れたことがあるが、初めて訪れた 2003 年には、駅の南側にあるプラッテンバウと呼ばれるコンクリートパネル工法でつくられた高層の建物が荒廃している様相に大きなショックを受けたことを覚えている。その後、この都市を訪れるたびに、この地区の建物群は撤去されていき、2007 年にはこの地区からいっさいの建物がなくなってしまった。建物がなくなった、その荒漠とした跡地に立つと、その人口縮小の凄まじさとと

写真 4・1　マギストラーレの先には製鉄所の煙突がそびえ立つ計画的工業都市

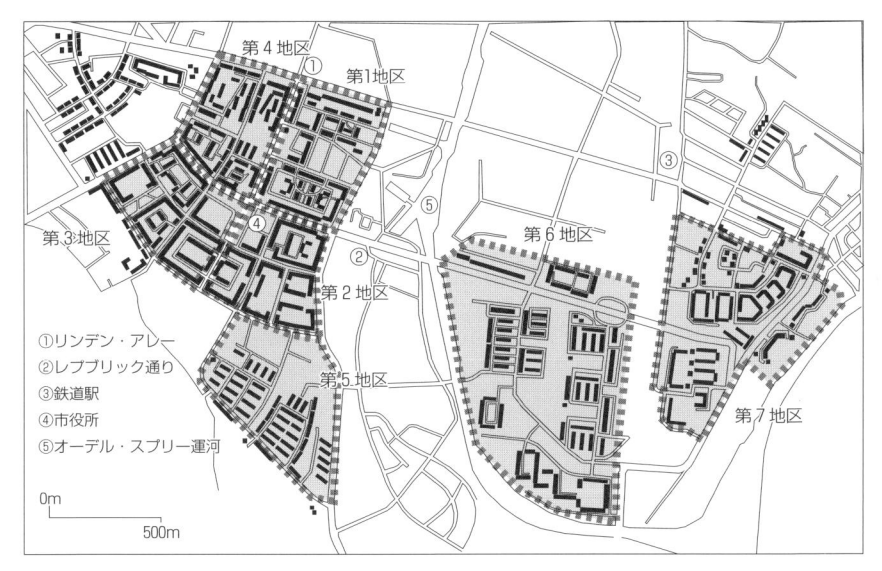

図 4・1　第 1 地区から第 7 地区の位置
(出所：Leinhard Lötscher et al. (2004) "Eisenhüttenstadt: Monitoring a Shrinking German City" から筆者作成)

①リンデン・アレー
②レプブリック通り
③鉄道駅
④市役所
⑤オーデル・スプリー運河

表 4・1　各地区の概要

地区名	建設年	1998年人口	2006年人口	人口増減率(1998～2006)	戸数(減築前)	特　徴
第1地区	1951～1952	2624	2106	80%	1512	最初に開発された第1地区は、労働者のための住宅の性格を強く有していた。
第2地区	1952～1953	3391	3130	92%	1964	この地区と第3地区の建物は旧東ドイツ時代に建設された国家的歴史建築物として認識されており、すべて保全されている。建物群が、中庭を取り囲み、豊かな住環境を具体化できている。
第3地区	1955～1957	2165	1364	63%	1003	第2地区と同様。
第4地区	1959～1965	3867	3061	79%	2057	都心部に位置する。建物のクオリティは、これ以前に開発されたものに比べると劣る。
第5地区	1959～1965	3117	2401	77%	1699	都心部に隣接して立地している。第4地区と同時期に開発。
第6地区	1965～1977	9677	7661	79%	3888	この地区の建物は、プラッテンバウ形式ですべてがつくられた。
第7地区	1978～1987	6672	1321	20%	3143	経済的不況のためプラッテンバウ形式でも、安普請でつくられた。北東部では、歴史的村落であるヒューステンベルクに隣接している。

(出所：Leinhard Lötscher et al. (2004) "Eisenhuttenstadt: Monitoring a Shrinking German City" から筆者作成)

写真4·2　プラッテンバウ住宅。撤去される建物（左）と改修されて維持される建物（右）

もに、建物を撤去するという施策背景にはどのような意図があるのか、という興味を強くかき立てられた。

　アイゼンヒュッテンシュタットは開発された時期によって、第1地区から第7地区と分類される。それぞれの地区の位置を示したものが図4·1である。また、それらの開発時期、特徴等を表4·1に整理した。これら七つの地区のうち、第1地区から第4地区までは1951年から1964年の間に、マギストラーレであるリンデン・アレーを挟んで両翼に広がるようにつくられた。

　1960年頃には第1〜4地区の住宅を合計すると6100戸、さらには四つの学校、六つの保育所、三つのホステル、商店、スーパーマーケット、ガソリンスタンド、オフィス、そして市役所、劇場、病院、レストラン、組合集会所などが整備された。リンデン・アレーに沿って、二つのデパートメント・ストア、ホテル、カフェやレストラン、事務所などが立地した[※2]。

　1961年頃から第4地区の南に第5地区の住宅群が開発される。1966年頃からは、運河を越えて第6地区が開発される。これは、すべてプラッテンバウ住宅となった[※3]。そして、旧東ドイツの不況からまだ抜け出せていない1983年からは、さらに都心から離れて、ここの開発以前から存在する村落ヒューステンベルクの南側に隣接するように第7地区が開発されはじめ、東西ドイツが併合する直前の1987年まで建設は続いた。

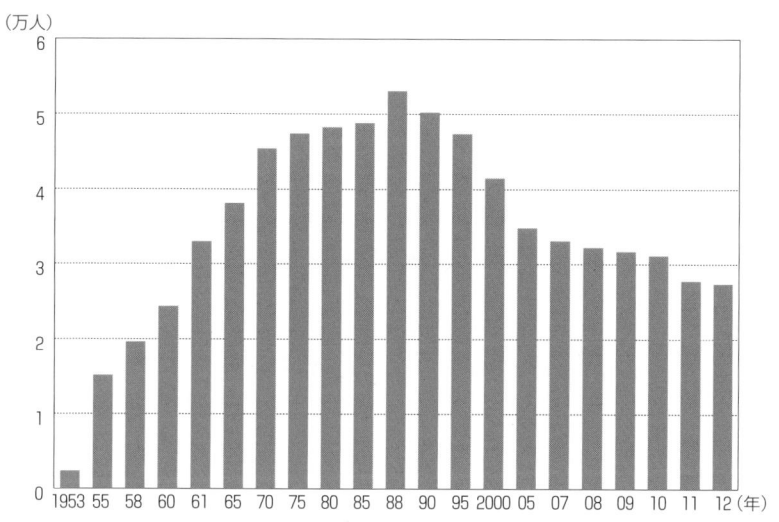

図4-2 アイゼンヒュッテンシュタットの人口推移 （出所：アイゼンヒュッテンシュタット市資料）

アイゼンヒュッテンシュタットはドイツ再統一後、急激な人口減少に見舞われる（図4-2）。人口がピークに達したのは再統一前の1988年の5万3千人である。それ以来、ほとんどの市民が関係していた製鉄所の効率化などにともなう雇用喪失[※4]などにともない、人口は減少していき、2012年には1988年に比べると48%減の2万7千人強になった。24年間でほぼ半分の人口が減少したことになる。

上述した急激な人口減少によって、アイゼンヒュッテンシュタットでは次のような課題が生じた。

　①社会主義時代に建設されたプラッテンバウ住宅の空き家率の増加
　②上記にともなう住宅公社の経営状況の悪化
　③上記に起因する社会インフラの維持管理費の高騰
　④税収減による市役所をはじめとした公務員や学校等の教職員を削減する必要性の増大
　⑤人口密度の低下にともなう行政サービスを提供するシステムの再構築の必要性の増大
　⑥市場縮小による小売業の衰退

表 4・2　地区別の集合住宅の戸数および空き家数（2001 年）

地区	集合住宅の戸数 (2001 年時点)	空き家率 (2001 年 5 月 31 日時点)
第 1 地区（WK I）	1512	23.0%
第 2 地区（WK II）	1964	23.7%
第 3 地区（WK III）	1003	23.6%
第 4 地区（WK IV）	2047	12.1%
第 5 地区（WK V）	1699	7.7%
第 6 地区（南）WK VI（南）	3888	14.2%
第 6 地区（北）WK VI（北）	704	22.4%
第 7 地区（北）WK VII（北）	2000	25.0%
第 7 地区（南）WK VII（南）	1143	34.1%
合　計	18741	17.9%

（出所：2001 年のデータは Becker, Svenja et al 'Eisenhüttenstadt ein Gutachten' in "*Stadtplanung und Städtebau mit erhöhtem Risiko*" Istuitu für Städtebau, May 2002、2008 年のデータはアイゼンヒュッテンシュタット市の内部資料）

　とくに市にとって問題となったのは、空き家率の増加とそれに付随する問題であった。表 4・2 にシュタットウンバウ・オスト・プログラムが実践される前の 2001 年 5 月における地区別の集合住宅の戸数と空き家数を示した。アイゼンヒュッテンシュタット市内にある集合住宅の戸数は 1 万 8741 戸、そのうちプラッテンバウ住宅は全体の 85 % を占める 1 万 5960 戸である。

　これより、ドイツ再統一後から 10 年ほどしか経っていないのに、凄まじく高い空き家率の地区があることが分かる。とくに、社会主義経済が大きく停滞した旧東ドイツ時代の後半期において建設された第 7 地区（南）の空き家率が 34.1 % と高い。

4・2　縮小政策 ── 中心を維持するため周辺から撤退

　縮小に対して、アイゼンヒュッテンシュタット市は二つの対抗策を検討した[※5]。一つ目は経済政策であり、二つ目は都市計画的政策である。経済政策は、市場経済のもとではその効果はきわめて限定的であり、将来構想を提示する以上の役割は担えなかったが、人々が将来像を共有するという点では意

味を有していた。同市が提示した将来構想は、次のようなものであった[※6]。

①アイゼンヒュッテンシュタット市は将来においても製鉄業を基幹産業とする。ただし、マーケット・ニッチを狙った特殊鋼の生産に特化し、またリサイクルにも力を入れる。

②これまではモノカルチャー経済だったが、その多様化を図る。

③社会基盤を改善する。とくにオーダー川に架橋されている戦前の橋などを更新させ、ポーランド側との交流を促進させる。

この経済政策はどちらかというと理念的なものであったが、次の都市計画的政策は具体性をともなうことになった。アイゼンヒュッテンシュタット市が縮小対応策としての都市計画的政策を検討し始めたのは2000年である。同年に二つの住宅公社と市役所の職員から構成される縮小委員会が設立され、2カ月に一度のペースで会議が行われるようになった。さらに、シュタットウンバウ・オスト・プログラムが開始された2002年からは水道会社、電力会社、幼稚園の協会の人たちも参画することになった[※7]。同プログラムに応募したアイゼンヒュッテンシュタット市は、申請が通り、建物の撤去費用として1㎡あたり60ユーロ、さらには中心地区の改善のための費用を補助金として受け取ることになった[※8]。

(1) 建物の撤去

アイゼンヒュッテンシュタット市は、このシュタットウンバウ・オスト・プログラムとブランデンブルク州の補助事業である「地区の将来構築(Zukunft im Stadtteil)」(ZiS 2000)、さらに市の自主事業をもとに建物の撤去政策を遂行した。

アイゼンヒュッテンシュタット市が、建物の撤去事業を開始したのは2003年。同年に発表された「都市計画発展コンセプト (INSEK)」では、同事業の目標として次のことを掲げている。

①都心部の強化。とくに第1地区〜第3地区と目抜き通り（マギストラーレ）であるリンデン・アレーの維持。

②持続可能な都市システムの創造。

そして、そのために4500戸の集合住宅を2010年までに撤去し、3500〜4000戸の集合住宅を2015年までに改修する。

①は、アイゼンヒュッテンシュタットの都市のアイデンティティの保全が意図されていた。同市のアイデンティティの維持という観点からきわめて重要であると捉えられている第1地区〜第3地区において空き家が増え、都市機能が劣化していく恐れが膨らむなか、これらの地区の長期的な維持を優先させるために、郊外部の地区、とくに第7地区をほぼ全面撤去することにした。

②は、社会インフラの維持管理費を低減させることを意図している。空き家率が高いと社会インフラの維持管理が高騰する。また、住宅公社の経営も厳しくなる。そのため都市システムを持続可能にするためには空き家率を減らすことが求められる。一方、アイゼンヒュッテンシュタット市では、建物を全面撤去せず階層を低くするなどの改修型減築（部分撤去）は、一部を除くとほとんどされていない。これは、改修型よりも全面撤去型のほうが社会インフラの維持管理費を低く抑えることができるからである。

表4·2より、2001年時点では多くの地区が2割以上の空き家率であったことが分かる。今後も空き家率が増加することを考えると、それを是正するためには、建物を撤去することで都市全体の空き家を減らし、また、撤去した建物に住んでいる人たちを第1地区〜第3地区に移転させ、これらの地区における空き家を減らすことを意図したのである[※9]。そして、下水道システムの維持管理費の観点からも、アイゼンヒュッテンシュタット市においては減築よりも建物全体の撤去、さらには建物もクラスターとしてまとめて撤去する方法が志向された[※10]。

実際、撤去する建物を選定するうえでは、次の評価項目が検討された[※11]。

①都市デザイン

②長期的な市の土地利用計画

③建物（団地）の空き家率

④環境面での条件

⑤建物の物理的状況

　図4·3に2002年、図4·4に2008年のアイゼンヒュッテンシュタットにおけるプラッテンバウ団地の立地状況を示す。これより、運河の西側に位置する第1地区〜第3地区の建物のほとんどが維持されているのに対して、運河の東側に位置する第7地区は一掃という表現がふさわしいように地区全体が撤去された。もっとも新しく開発された第7地区が真っ先に撤去されるというのは意外である。市役所と住宅公社は、撤去政策を検討するうえですべての建物のデータをコンピューターに入力してポートフォリオ分析を実施し、それら建物を点数化した。最低点は第1地区〜第3地区に集中し、第7地区は新しいということもあり、最高点をつけたからである。ただ、この点数は高かったかもしれないが巨大で高層であり、さらに中心部から離れていたために将来的な都市像を考えたときにその重要性が低かったこと、そして何よりも空き家率が高く、住宅公社の経営を圧迫し、下水道をはじめとした社会基盤の維持管理費が高くなっていたことが、全面撤去の決断を促すことになる[※12]。

　また、都心部にある第1地区〜第3地区においては、その都市空間的特徴を保全することを優先しており、基本的にはこれらの地区の住宅は減築ではなく、改修で対応するようにした。とくに第2地区の建物はアイゼンヒュッテンシュタットという都市にとって重要なアイデンティティともなる「(旧東ドイツの) 国家的歴史建築物」群として認識されており、第2地区の減築数はゼロとなった。第1地区、第3地区は全体の1割前後が減築されているが、それらはブロックの内側の建物で、大通りのファサードを変更しないものが選定されている。人口減少の影響が人々に認識されないように意識されていることが理解できる。

　さらに、2009年以降もシュタットウンバウ・オスト・プログラムが延長されることが決定した2008年に、新たなプログラムの補助を受けるために、新しい都市計画発展コンセプトを策定する。そこでは、将来的には三つの主

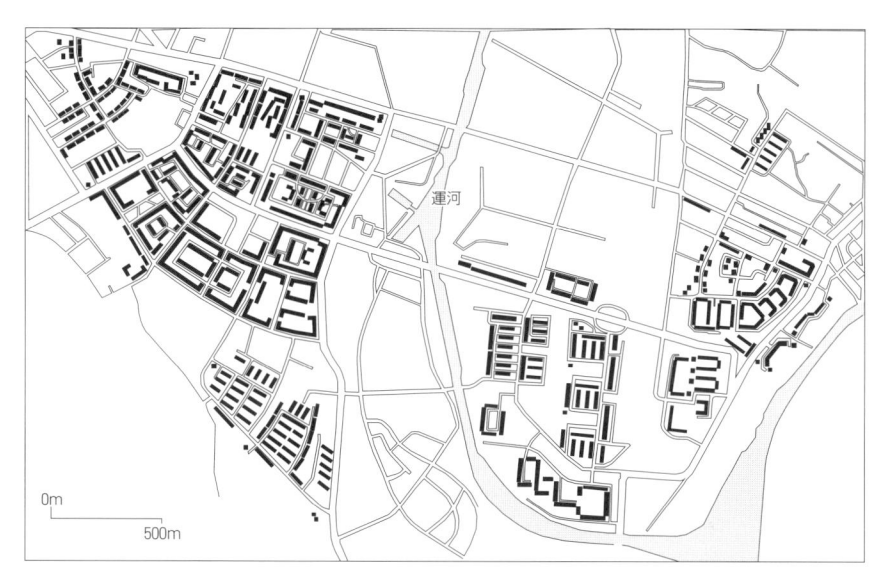

図4・3　2002年のプラッテンバウ団地の立地状況　（出所：Lienhard Lötscher 等の資料をもとに筆者作成）

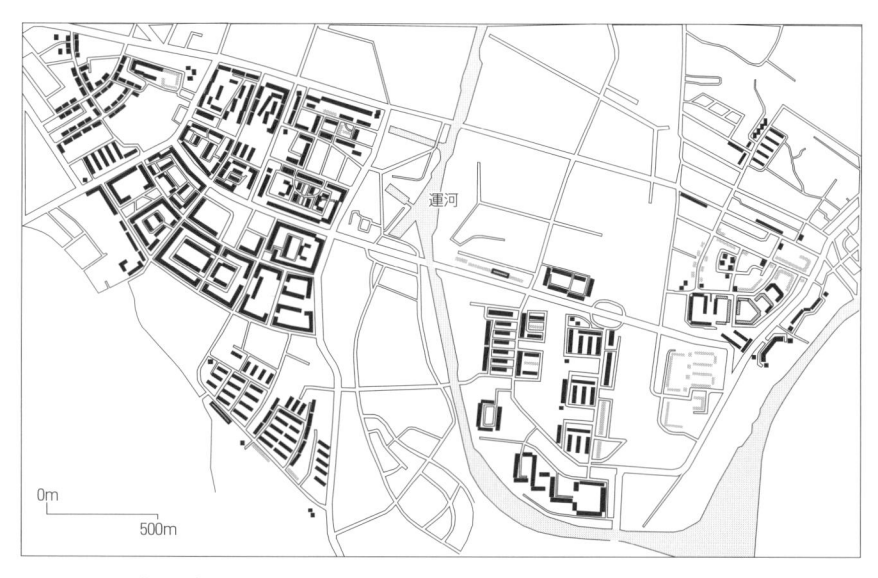

図4・4　2008年のプラッテンバウ団地の立地状況　（出所：Lienhard Lötscher 等の資料をもとに筆者作成）

要なセンター(第1地区〜第4地区からなる都心地区、第6地区、ヒューステンベルク地区)がそれぞれ自立した生活圏を構成しつつも、お互いが補完し合い、協働できるように開発することが目標として掲げられた。この考えは、開発時期が新しい第6地区の保全を第4地区、第5地区よりも優先させる根拠となった。

　第7地区と似たような状況であるにもかかわらず、第6地区の保全をなぜ優先したのか。それは、シュタットウンバウ・オスト・プログラムが開始される前の2000年時点ですでに70％の住宅の改修が完了していたこと、さらには同地区にある学校や社会基盤などにも改修等でずいぶんと投資がなされていたためである。したがって、ヒューマン・スケールを逸脱した巨大なプラッテンバウ団地地区であるにもかかわらず、第4地区や第5地区ではなく、こちらを保全する判断がなされることになる。すでに改修のために投資

表4・3　地区別、年別の減築戸数

年		第1地区	第2地区	第3地区	第4地区	第5地区	第6地区	第7地区	合計
2002年時点の現存戸数		1512	1964	1003	2047	1699	4592	3143	15960
減築戸数	2003	0	0	0	0	0	0	152	152
	2004	0	0	0	0	0	0	411	411
	2005	38	0	0	0	76	0	733	847
	2006	0	0	0	0	0	343	343	686
	2007	0	0	0	0	0	307	199	704
	2008	0	0	0	0	96	83	692	871
	2009	0	0	0	0	532	0	107	639
	2010	0	0	0	247	47	207	139	740
	2011	0	0	106	0	52	207	22	387
	2012	80	0	0	0	119	0	0	199
合計減築戸数		118	0	106	247	922	1147	2798	5636
残戸数		1394	1964	897	1800	777	3445	100	10324
減築率(％)		7.8	0.0	10.6	12.1	54.4	25.0	96.8	35.3

(出所：アイゼンヒュッテンシュタットの資料、Leinhard Lötscher et al. (2004) "Eisenhüttenstadt: Monitoring a Shrinking German City" などから筆者作成)

図 4・5　2012 年のプラッテンバウ団地の立地状況
（筆者による現地踏査、およびグーグルマップ等によって筆者作成）

凡例：長期発展計画において示された都市核

した建物を壊すことは住宅公社、そして銀行等それに投資をした出資者が強い抵抗を示す。市の報告書には明記されていないが、この判断は、純粋な都市デザイン的な発想だけで撤去計画が構想されていないことを示唆している。

　表 4・3 に地区別、年別の減築戸数を示す。また、図 4・5 に 2012 年のプラッテンバウ団地の立地状況を示す。これより、第 7 地区が減築率 97 % と凄まじく高いことが分かる。ヒューステンベルクに隣接する場所、およびオーダー川沿いにある減築を施した建物以外はほぼ全壊している。

　さらに第 2 期のシュタットウンバウ・オスト・プログラムにおいては、都心部においてももっとも歴史的建物として価値の高い第 2 地区を除いて、減築をし始めている。これは、減築をしても人口減少が留まらず、住宅市場がなかなか改善しなかったためである。

(2) 幼稚園等の閉鎖

　人口が縮小していくと、行政サービスや教育サービスといった公的サービ

スの1人あたり供給コストが高くなるために、その効率化を図ることが求められる。アイゼンヒュッテンシュタットにおいて、人口縮小によって供給コストが高くなり、それへの対応が強く求められたものは幼稚園であった。ドイツ再統一時には12あった幼稚園のうち、四つの幼稚園を閉鎖することにした。閉鎖された幼稚園のうち三つは、高齢者向けの施設に転用した。

どの幼稚園を閉鎖するかについての判断は下記のプロセスに従った[※13]。

①基本的には、計画エリアには二つの幼稚園があるようにした。一つは普通の幼稚園に住民の交流施設が併設されたもので、もう一つはハンディキャップをもっている児童のための幼稚園である。

②上記の条件を満たしつつ、園児の数が少ない所を閉鎖するようにした。

幼稚園を閉鎖することはプラッテンバウ団地を閉鎖するよりむずかしい問題を抱えている。まず、何人かの児童は必ず以前より不便になる。また、幼稚園を閉鎖することは、そこの従業員を解雇することになる。ルールに基づいて取り壊しても、納得できない人が出てくる。アイゼンヒュッテンシュタット市では、幼稚園以外にも小学校、中学校などの閉鎖を実施した。

小学校は1991年には15校あったのだが、2009年までに7校が閉校になった。2009年では、1学年15人しかいないような状況にある。閉校した小学校は、そのまま撤去されたり、空き家のまま放置されたり、博物館として使われたりしている[※14]。

4・3 成果 ─ 減築で都心部を維持

アイゼンヒュッテンシュタットの縮小政策の成果を、(1)住宅市場の適正化(空き家率の低減)、(2)都心部の維持、(3)都市構造の強化、(4)住宅の質の改善、から以下に整理する。

(1) 住宅市場の適正化（空き家率の低減）

減築事業はしっかりとした計画を策定したこともあり、アイゼンヒュッテ

ンシュタット市の住宅市場を適正に機能させるうえで大きな貢献をしている。実際、都市全体の空き家率は時系列で見ると、シュタットウンバウ・オスト・プログラムを開始した2004年をピークに以下、減少傾向にある。とくに、近年では10％前後にまで空き家率は低下している（図4・6）。アイゼンヒュッテンシュタット市役所のノヴァック都市計画部長に取材したところ、空き家率が5〜9％に収まれば住宅公社は十分、経営が成り立つという。市としては空き家率9％を目標としているが、ほぼ、その数字を達成しつつある。

　空き家率が減少したのは、大きく二つの要因がある。一つは空き家が多かった第7地区のプラッテンバウ住宅を減築するなどして、分母の住戸数を減らすと同時に、分子の空き家数も減らしたことである。もう一つの理由は、それら減築した集合住宅の住民を都心の4地区の集合住宅の空き家に移転させたことである。

　図4・7に地区別の空き家率の推移をみているが、表4・3と比較することで、建物を撤去すると空き家率が大幅に下がっていることが分かる。空き家が多く生じると住宅公社の経営状況は悪化し、住民1人あたりの建物の維持管理費も高くなるし、そこに住む人々にとっても決して好ましいものではない。2014年時点では、第1地区と第4地区を除けば空き家率が20％を切っている。これは、思い切った減築政策の大きな成果であると考えられる。

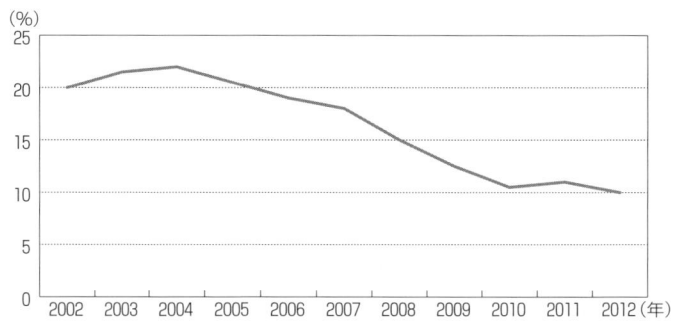

図4・6　アイゼンヒュッテンシュタット市の空き家率の時系列推移
（出所：アイゼンヒュッテンシュタット市資料）

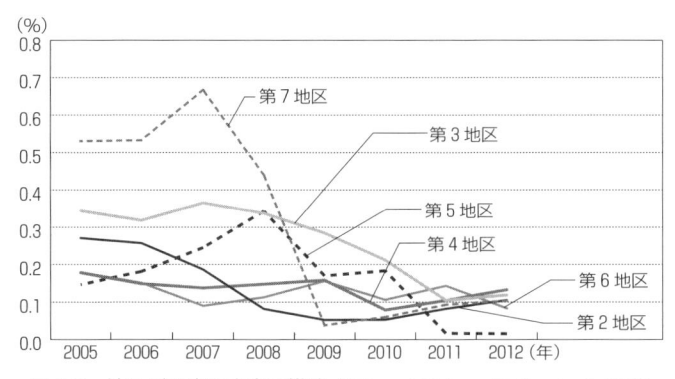

図4・7　地区別の空き家率の推移（出所：アイゼンヒュッテンシュタット市資料）

(2) 都心部の維持

　アイゼンヒュッテンシュタット市では2003年から2012年の10年間で全体の3割近い5636戸数が減築されたが、同市のアイデンティティであると認識されている第1〜3地区は5％弱しか減築されず、また大通り沿いの建物はすべて守られ、都市景観も維持されている。これは減築政策の前の同地区の空き家率が24％であったことを考えると、同政策が都心を維持するという目標を達成できていることが理解できる。アイゼンヒュッテンシュタット市の都心部は、都市の中心であるというだけでなく、その都市の歴史を物語る貴重な建築物が立地している場所でもあり、その都市のアイデンティティを発露している場所だ。その街並みをしっかりと維持できていることは大きな成果であろう。

(3) 都市構造の強化

　シュタットウンバウ・オストのプログラムが開始される前のプラッテンバウの建物の立地状況（2002年時点）と、減築政策がほぼ一段落した2012年度の同建物の立地状況を見ると（図4・3と図4・5）減築政策によって都心地区、第6地区という都市計画発展コンセプトにおいて設定された二つの都市核に集約するという都市構造へと移行していることが分かる。人口減少は進んでいるが、都市構造のコンパクト性はしっかりと維持できており、人口減少に

ともなう人口密度の低下による都市の集積効果の劣化といった副作用を回避することに成功している。

(4) 住宅の質の改善

　減築政策のポイントは「選択と集中」である。それは「大切なものを守るために贅肉を削ぐ」といったアプローチであり、貴重な人口、限りある資産をどこに集中させるか、といったことを検討することである。アイゼンヒュッテンシュタット市でも、撤去されずに「残された」建物はしっかりと改修をして、その住宅の質を改善させている。都心地区（第1地区～第4地区）の建物も縮小対策を遂行する前は空き家が多かった（表4·2参照）。これらが、空き家である理由は暖房設備が地域暖房ではなくストーブであること、台所や風呂などの設備が劣っていること、バルコニーが設置されていないこと、など住環境が悪かったことがある[※15]。これらは改修によって改善できる。

　図4·8は地区別に建物の改修率を示したものであるが、もっとも保全が優先されている第2地区は100％、第6地区でも9割以上となっている。第7地区は依然として低いが、第4地区でも改善傾向にあることがうかがえる。減築を実施することで、限られた改修予算を残された建物に投入することができ、都市全体のプラッテンバウ団地の住宅環境は確実に改善されている。

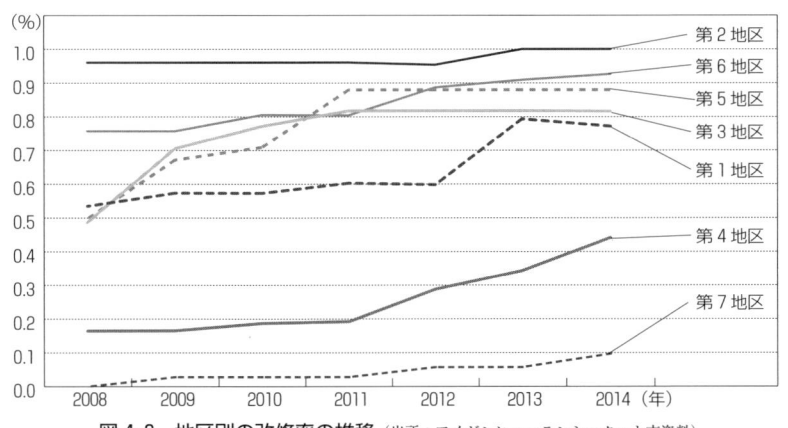

図4·8　地区別の改修率の推移（出所：アイゼンヒュッテンシュタット市資料）

4・4　都市のサバイバル戦略としての縮小政策

　アイゼンヒュッテンシュタット市は、その歴史的特殊性から、ドイツ再統一という社会変革の影響をもっとも強く被った都市の一つである。その結果、過激な雇用喪失、人口縮小という現象に見舞われる。シュタットウンバウ・オスト・プログラムがつくられる前後、知人のドイツの都市研究者たちにいろいろと縮小都市の話を聞き、情報収集をした。そして、複数の人たちが異口同音で指摘していたのは、縮小都市御三家はアイゼンヒュッテンシュタット市、シュヴェート市、ホイヤスヴェルダ市であるということだ。これらはすべて、旧東ドイツ時代に社会主義経済のフレームワークのもと、きわめて計画的につくられた産業都市である。そのフレームワークが瓦解したということは、そもそもの都市の成立条件が存在しなくなったことである。それは、都市の存在の危機を意味する。したがって、アイゼンヒュッテンシュタット市における縮小政策は、都市として消失しないための、まさにサバイバル戦略でもあるのだ。

　2014年時点で、アイゼンヒュッテンシュタット市の人口はいまだに減少している。減少数こそは少なくなっているが、前年比の減少率はここ数年、減る兆しは見られない。ただし、2002年に初めてこの都市を訪れた時に感じた、人を陰気にさせるような雰囲気はこの10年間で一掃された。空き家だらけの殺伐としたプラッテンバウ団地は野原になった。野原は寂寥感が漂っていないわけではないが、社会主義時代の個性を重視しない集団主義的な空き家の多い建物群に比べると、はるかに肯定的な気分になれる。

　灰色で画一的なデザインのプラッテンバウ団地は、改修されることでバルコニーもつき、鮮やかな色彩でペンキが塗られ、ずいぶんと明るくなった。白黒映画からカラー映画に変わったかのようだ。第7地区をほぼ一掃するような縮小政策は、第7地区に住んでいた人たちには痛みをともなうものであったかもしれないが、この都市を消失させないためには必要であったのだろう。

経済的な状況は相変わらず厳しいが、鉄道駅は改築され、また新たに工場がつくられるなど雇用が増える傾向もある。人口減少が止まるには、まだ時間がかかるだろうが、それを実現するために長期的かつ戦略的なアプローチが必要なことをアイゼンヒュッテンシュタット市の経験は示唆している。

【※注】
1. 服部圭郎（2015）「旧東ドイツの縮小都市のにおける、集合住宅の撤去政策の都市計画的プロセスの整理、および課題・成果の考察」『日本都市計画学会学術研究論文 2015』
2. Frank Howest（2004）: "*Eisenhüttenstadt Auf und Umbau Einer Geplanten Stadt*" Univ. Bochum, Fakultät für Geowissenschaften, p. 45
3. 同上 pp. 66 〜 67
4. EKO スティールでは 1989 年には 1 万 2 千人ほどが雇用されていたが、1990 年に国際企業である ARCELOR に買収されると、その数は 2700 人まで減少された（Lienhard Lötscher et al.（2004）"*Eisenhüttenstadt: Monitoring a Shrinking German City*" DELA21, p. 363）
5. 同上、p. 367
6. 同上
7. アイゼンヒュッテンシュタット市役所都市計画部長ノヴァック氏への取材による（2006.9）
8. Lienhard Lötscher et al.（2004）"*Eisenhüttenstadt: Monitoring a Shrinking German City*" pp. 366 〜 367
9. Stadt Eisenhüttnstadt ホームページ: 'Entwicklung und Nachnutzung des WK VII' http://www.eisenhuettenstadt.de/index.php?mnr=4&Id=1232）閲覧日 2015. 1. 12
10. Lienhard Lötscher et al.（2004）"*Eisenhüttenstadt: Monitoring a Shrinking German City*" p. 367
11. 同上
12. アイゼンヒュッテンシュタット市役所都市計画部長ノヴァック氏への取材による（2006.9）
13. アイゼンヒュッテンシュタット市役所のフランク・ホーヴェスト氏への取材による（2006.9）
14. アイゼンヒュッテンシュタット市役所都市計画部長ノヴァック氏への取材による（2006.9）
15. Hans-Wolfgang Haubold（2002）"*Die Plandstadt: Eisenhütenstadt Die Wohnkomplexe I - IV*"

第5章

デッサウ
Dessau　　　　　　　　　　　　　　　　〈人口 83,601 人（2014 年現在）〉

5・1　概要 ── バウハウスのある工業都市

　デッサウ・ロシュラウ市はエルベ川とムーデ川との合流地点にあるザクセン・アンハルト州の都市である。ベルリンとライプツィヒの中間地点にあり、どちらの都市からも1時間ほどの距離にある。ザクセン・アンハルト州では第3番目の8万3千人の人口を擁する（2013年）。縮小激しい同州の都市のご多分に漏れず、1980年代から30％以上もの人口減少を経験している（図5・1）。

　デッサウ・ロシュラウという分かりにくい都市名は、2007年7月にデッサウ市が周辺のロシュラウ市と合併したことによってつくられた。ただ、旧デッサウ市が全人口のおよそ85％を占めている。

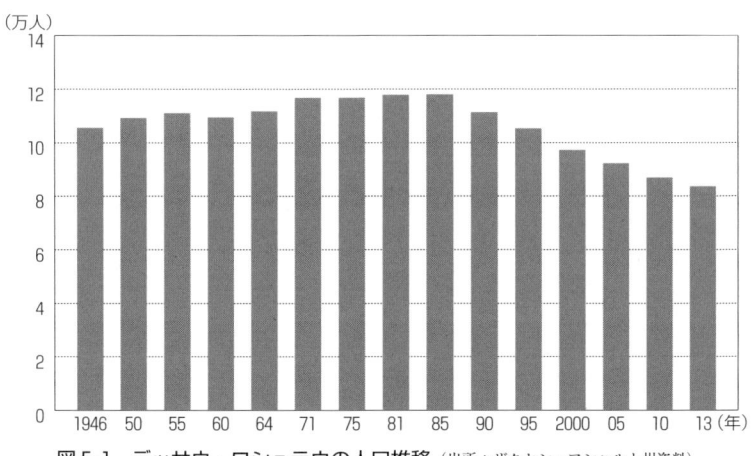

図5・1　デッサウ・ロシュラウの人口推移　（出所：ザクセン・アンハルト州資料）

デッサウは中世時代に市場が立ったことを契機として発展していく。産業革命後には、ガス工業と機械工業、化学工業、航空機製造業が発展していった。1925年にはヴァイマールにあったバウハウス・デザイン学校が移ってくる。デッサウに移転してきたバウハウスは、ヴァルター・グロピウス、ミース・ファン・デル・ローエ、ヨハネス・イッテンといった蒼々たる教授陣を擁した。このバウハウスを核とした工業、芸術、教育、工芸の集積は、多くの人々をデッサウに集め、1900年には5万1千人だった人口は、1935年にはほぼ倍の10万3千人にまで膨らむ。バウハウスはナチス政権下では閉校させられたが、一方、デッサウにはナチスの司令部が置かれ、戦争によるガス工業や航空機製造業の需要が高まることにともない、人口はさらに増え、1941年には13万2千人になる。ただし、ナチス政権におけるその戦略的重要性ゆえに、第二次世界大戦では大量の爆撃を受け、中心市街地の8割、旧デッサウ市全体の4割が焼け野原となった[※1]。

　戦後、東ドイツ時代にデッサウの経済は工業に特化する。工業は多くの労働者を必要としたこともあり、旧東ドイツ時代には、図5・1からも読み取れるようにデッサウの人口は緩やかに増えていった。第二次世界大戦でデッサウは住宅の7割以上（3万6500戸中2万6千戸）が破壊された。それに加え、上記の人口増に対応するため、住宅の再建は戦後の最優先の政策事項となった。そして、スピードを優先させたために、低コストで高層のプラッテンバウ団地が市街地の外縁部に多くつくられることになった。

　ただし、ドイツ再統一後、これらの工業はその競争力の弱さゆえに市場から撤退を余儀なくされ、デッサウは大量の雇用を失った。工業部門の就業者は1991年の約2万6千人から2008年には1万人にまで減少した。雇用の喪失は人口縮小を促し、多くの空き家問題を生じさせた。2000年で6千戸の空き家が存在した。

5・2 縮小政策 ── コンセプトは「都市の島」

(1) IBA ザクセン・アンハルト

　ドイツの都市・地域計画手法に、国際建設展というイベントがある。国際建設展とは International Bauausstellung の日本語訳であり、国際建築展や国際建設博覧会とも訳される。一般的には IBA と略されており、イーバと発音される。1901 年に第 1 回目がダルムシュタットで開催されてから、1927 年にはシュツットガルト、1957 年、1984 年には西ベルリン、1989 年からはルール地方のエムシャーパークで開催されてきた。

　縮小する地域という前代未聞的なむずかしいテーマを抱えるザクセン・アンハルト州は、IBA の特徴である「多様なプレイヤーを協働させる」という点に期待し、IBA ザクセン・アンハルト事業を 2002 年から開始することにした。バウハウス・デッサウ協会[※2]、ザクセン・アンハルト州開発公社 SALEG（Sachsen-Anhalt inische Landesentwicklungsgesellshaft mbH）が協働して実践することになり、バウハウス・デッサウ協会が事務局となった。

　同事業では「縮小問題」というむずかしいテーマを取り上げ、これまでの IBA よりも広域にわたる州全体を対象地域とした。これは、各自治体が個々にこの問題に対して戦略的に対応することはむずかしく、州全体で取り組み、共通の場で効果的なアイデアやツールなどを考え、研究することが効果的であると考えられたからである[※3]。IBA のコンセプトは「少ないことはより多いこと（less is more）」。このコンセプトは、同州にあるバウハウス・デッサウ協会の提案を受けてつくられた。それは、まるで一休さんの頓知のようなコンセプトではあるが、この more の後にスペース（space）という単語が隠されている。すなわち、「少ない（人口）ということは、より多くの空間を持つ」という意味である。目標年次は 2010 年とした。

　ザクセン・アンハルト州には 1 万人以上の人口を擁する都市が 44 ある。そのうち 19 の都市が IBA ザクセン・アンハルトに参加した。開始直後の

2002年に参加したのはデッサウとアッシャースレーベンの2都市であった。事務局のバウハウス協会が立地するデッサウは、最初のプロジェクトという点からも、IBA ザクセン・アンハルトの試金石として位置づけられ、バウハウスとしては面子を賭けてでも斬新で、なおかつ実践的な縮小コンセプトを提示することが求められたのである。

都市開発という言葉から多くの人が連想するものは「成長」および「拡大」である。しかし、縮小の時代に都市を「開発」することが果たして妥当なのか、という疑問がこの事業の背景にある。同事業に通底する考えは、「都市生活の質そして経済生産性は人口の増加や土地利用ではなく、サステイナブル・プロジェクトの質の向上によって図られる」というものであり、これによって初めて人口の縮小は緩やかになると捉えている。そして、同事業における重要なキーワードとして、「建設しない」「インフラストラクチャー」「空き家の撤去」の三つを挙げている[※4]。また、人口の縮小化においては、縮小していくプロセスが進んでいくなか、いつまで「都市」という形態が維持できるのか、ということが重要な質問として提示されている[※5]。

デッサウも連邦政府のシュタットウンバウ・オスト・プログラムに基づくプラッテンバウ団地の撤去を行った。都心の西部にあるゾーベルバーグというプラッテンバウ団地など空き家率が高い建物を中心に2002年から2006年の間に1800戸の建物を撤去し、その後さらに2300戸の建物が撤去された。ただし、デッサウの縮小政策をもっとも特徴づけたのは、この IBA ザクセン・アンハルトであろう。

(2) バウハウスの提案

デッサウが縮小計画を検討する際、二つの提案がなされた[※6]。そのうちの一つはバウハウスが提案したもので、既存の集積を活かして、それを再強化させるよう都市を再編するというものであり、もう一つは、アンハルト大学のアンドレア・ハーセ教授が提案したもので、1戸建て住宅のために市域を500㎡のプロットに分割すべきというものであった。後者に関しては、市

がそれだけのインフラストラクチャーを負担することは不可能に近いこと、そして、そのような戸建て住宅のコミュニティは、公共性を欠くとの判断で却下された[※7]。

　バウハウスの提案は、それまでの縮小計画とは異なっていた。これは、穿った見方をすれば、バウハウスとしては、従来と同じような縮小計画案を提出することは沽券に関わることであり、新たな視点を提供しなくてはならなかったという事情もあるだろう。とくに、当時のバウハウスの校長は縮小都市研究所の所長を務め、若くしてドイツの縮小都市研究の第一人者となったフィリップ・オスワルト氏であった。そのような背景を有したために、都市の縮小の実態をより多面的に分析して、他都市のように中心部に集約させる（タマネギ理論とも言われ、都市の中心を守るために端っこを切り捨てるという考え方）という安易な計画は提示しなかった。

　バウハウスの提案、そしてデッサウ・ロシュラウが採った縮小計画案のコンセプトは「都市の島」というものであった。これは、都市の中心部に市街地を集約させず、市内において活力がある地区を残し、縮退が生じている地区を緑地へと転換していくという計画論である。活力のある地区が衰退することをソーシャル・ネットワークの強化、都市環境のアメニティの向上によって防ぎ、これらの地区以外で人口が減少し空き家が生じたり、工場が閉鎖したりしたような場所はむしろ積極的にその縮小を促進させるという考えである。これによって、幾つかの活力のある都市的（アーバン）な地区が分散して市内に散らばり、それらの地区の周辺は緑で囲まれるという空間構造が形成されていくことになる。

　そして、「非」市街地化される地区にある建物、そして社会基盤施設は、長期的には徐々に除くようにして、オープン・スペースへと転用されることが方針として定められた[※8]。都市を縮小することで新たに生じる空き地に、オープン・スペースという新たなる価値を見出し、それを長期的な時間軸でつくりあげることが意図されたのである。

　このような提案をした背景には、デッサウという都市のユニークな特徴も

あった。デッサウは20世紀初頭になって急速に拡大し、また周辺自治体を合併して市域を拡張したために、その都市の規模に比して都心部の中心性は高くなかった。しかも都心部は、第二次世界大戦でほとんど破壊されたこともあり、他地区に比べて特別な魅力を有しているわけではなかった。さらに、市内にある幾つかの地区はそれなりの集積が維持できており、分散型の都市構造を有していた。あえて都心を他の地区を犠牲にしてまで保全する必要性がデッサウにおいては高くなかったのである。

(3) ランドスケープへの注目

バウハウスの提案である「都市の島」というコンセプトは、島ではない「水」の部分にも注目させるという意図があった。この「水」の部分である「非」市街地は、「ランドスケープ・ゾーン」と名づけられ、いわゆる都市の「図」ではなく「地」の部分を積極的にデザインする、というアプローチをデッサウは採ることになる。

このようにランドスケープに注目するヒントとなったのは、デッサウに存在するデッサウ・ヴェルトリッツァーの「庭園王国」の存在が大きい。これはデッサウの東にある世界遺産であり、大陸ヨーロッパにおいて初めてつくられた英国式庭園である。「庭園王国」は、デッサウ・ロシュラウが誇るべき都市のヘリテージ（遺産）であり、ランドスケープに対して市民は積極的、肯定的に捉えるという意識が存在していた[9]。そのため、都市の縮小によって生じる空き地をあえて「ランドスケープ・ゾーン」という、肯定的な存在として主張することで、縮小というマイナスのイメージをプラスのイメージとして訴えかけるようにしたのである。この提案は市議会にて正式に長期計画として認定され、旧東ドイツにおいてもきわめてユニークな縮小計画が遂行されることになった[10]。

縮小計画を円滑に進めていくために、デッサウ・ロシュラウ市は計画対象の土地を購入した。この購入が実現できた背景には、土地の値段がそれほど高くなかったこと、また旧東ドイツの社会主義体制では土地の私有が行われ

写真5・1　庭園王国

ておらず、東西ドイツ統合からそれほど時間が経っていなかったので、地主の数がそれほど多くなかったことがあげられる[※11]。

　この長期計画が認定されたことで、ランドスケープ地区において撤去されたプラッテンバウ団地はオープン・スペースと捉えられることになった。それまではプラッテンバウ団地の撤去は住宅公社の経営的判断に基づいていたために、どこがいつ撤去されるかの予測をすることがむずかしかった。しかし、この長期計画によって、プラッテンバウ団地の撤去も、将来の都市像を形成するうえでのプロセスの一つとして位置づけられることになったのである。

　その計画の策定のプロセスであるが、まず建物の状況、オープン・スペースの状況がチェックされ、それを条件に都市内でいかに緑を繋ぐことができるかが考えられた[※12]。

　建物という都市の「図」ではなく、空き地という「地」を中心に、都市の将来像を考えたのである。ある意味で都市計画としては本末転倒なアプローチであるが、縮小下においては、これが肯定的な将来ビジョンを人々に提示することとなる。

　「地」をつくるための建物の撤去が、積極的に計画された。デッサウ市には住宅公社が三つ存在したのだが、撤去対象の建物はマスタープランでランドスケープ・ゾーン地区に立地するものを優先するように指示した。そして、

建物が撤去されて生じる庭園空間の単位を「ピクセル」と表現することで、あたかもオセロの石が白から黒に転じるかのように、建物空間から庭園空間へと用途転換することがイメージとして捉えられるようにしている。

(4) 5本の樫の木

　最初に手がけたプロジェクトは「5本の樫の木 (oak quincunx)」というものであった。このプロジェクトは、ランドスケープ・ゾーンと指定した場所に、5本の樫の木を植えるものであった。「Quincunx」とは、ラテン語で、ドミノなどで五つの点を配置する形状のことを意味した。「5本の樫の木」は、樫の木をこの形状で植えるものであり、これは庭園王国の草地における植樹のやり方の一つであった。これによって、そこが新たに計画されたランドスケープ・ゾーンであることを周知させる象徴として機能すると同時に、「庭園王国」との関連性を市民に意識させる工夫でもあった[13]。

　ただし、これは市民にはあまり好評ではなかった[14]。薔薇園が欲しいとか、子どもの遊び場にして欲しい、との要望が出されてきた。しかし、縮小都市であるデッサウにはお金がない。もし、そのオープン・スペースでスポーツなどの活動を展開させようとするのであれば、それを管理する人が必要となる。

写真5・2　5本の樫の木

⑸ **400 ㎡ デッサウ**

　そこで、「400 ㎡ デッサウ」というプロジェクトを 2006 年から開始した。これはランドスケープ・ゾーンにおける 20 m × 20 m の正方形の土地を「自分のものである」と主張（CLAIM）し、その管理をするというものだ。「CLAIM」とはアメリカ英語では、国が所有する土地の一部を開拓者に分配譲渡することを意味する。ゴールド・ラッシュ時代においては、それは土地そのものを意味する言葉としても用いられた。

　デッサウにおける「CLAIM」とは、市民団体もしくは市民が、建物の撤去などで新たに使用可能になったオープン・スペースを使用する権利を確保し、実際、管理運営する。400 ㎡ という規模は、一般的な庭のサイズである。個人や家族でも管理ができる規模だ。これらをあたかもスタンプのように、デッサウのランドスケープ・ゾーンに刻印させていく。それは、デッサウという都市が大きく変容していくことの象徴となることが期待された。最初は、多文化団体がこれを「CLAIM」し、いろいろな国の植物からなる庭園をつくった。2010 年時点では、薬剤師、庭師、デッサウ多文化センター、養蜂愛好会などが使用する権利を確保している[※15]。

⑹ **赤い糸**

　地味ではあるが、デッサウの縮小政策の考え方を象徴しているのが、「赤い糸」という 2007 年から開始したプロジェクトである。これは、建物を撤去した後に生じる「ランドスケープ・ゾーン」というコンセプトを公共空間として導入するためのコミュニケーン戦略である。それは、「ランドスケープ・ゾーン」として新たに生じることが計画されているオープン・スペースを結ぶ約 5 km の歩道であり、この歩道沿いには「赤い旗」が掲げられている。このルートを歩くことで、建物や社会施設を撤去することによって生じたオープン・スペースをめぐることができ、将来のオープン・スペースのネットワークがどのようにつくられるかが体感的に理解できるようになっている。

　その目的は「都市開発を解説し、人々を動かすこと」。すなわち、抽象的

写真 5・3　CLAIM によってつくられた薬草庭園

写真 5・4　赤い糸の動線

なコンセプトを具体的なアクションへと繋げ、空間にコンセプトを付加させることである。デッサウの「図」ではなく「地」をデザインするというアプローチは、これまでと違った発想、取り組み方が求められる。「図」のデザインは都市開発を促進する人々に大きなインセンティブを与えるが、「地」のデザインはそれを与えない。なぜなら、「図」と異なり、「地」は貨幣的な価値を生みださず、企業にとってはまったく魅力がないからである。そのため、「地」のデザインは必然的に市民が主体として取り組まなくては成功しない。ここで行政がデザインできるではないか、と考えるのはナイーブである。というのは、これら新たにつくりだされた「地」が生命を孕み、成長していくためには、市民の愛着とコミットメントが不可欠であるからだ。その

ためには、市民をデザイナーとして位置づけることが必要となる。

「赤い糸」はアスファルトの歩道に赤い線が引かれただけのものである。しかし、それは人々の興味を喚起し、新たに生じつつあるランドスケープを認識させ、さらに、それに対しての帰属意識と責任感のようなものを醸成させる契機となるようなシステムである。その赤い線は、デッサウの市民たちを現在から未来へと結ぶ重要な道標として機能しているようにも思える。

5・3　成果 ── 市民を巻き込む

(1) 非市街地の価値創造

　現在のデッサウの状況はドイツ統一後の混乱の10年間に比べると安定している。工業に特化していた産業構造は、工業が減少したのに置き換わる形でサービス産業が発展した。1991年から2008年までに、工業の雇用は2万6千人から62％程度が失われたが、サービス産業従事者は逆に8500人ほど増えている。社会主義時代の少数の大企業は、小さく多様な企業へと転換している。行政的な位置づけが向上し、公共サービスや福祉部門、教育部門での雇用も増えている。さらにアンハルト応用科学大学や、バウハウスなどの教育機関が新たなプログラムを展開しつつある。とくにバウハウスは旧東ドイツ時代には単なる専門学校として位置づけられたが、その世界的名声を活かして、私設学校として新たな教育プログラムを提供している。

　失業率は1990年の5％が1999年には23％にまで増加したが、2009年には13.8％にまで下がっている。空き家率は2001年から2013年にかけて、ほぼ13％のままで推移している。この間、3200戸の建物を撤去していることを考えると、空き家の問題はまったく解消できていない。まだまだ現状は厳しいかもしれないが、ここで紹介した施策を展開しなければ状況はより悪化していたであろう。

　デッサウの縮小計画の成果は、市街地だけではなく、非市街地における空

間デザインをしっかりとすることが、その成否を分けることになることを教えてくれたことであろう。それまで市街地であった場所が非市街地となる所をランドスケープ・ゾーンと響きの良い言葉で表現し、そこに新しい空間的な価値を創造しようとした。その空間的な価値とは、たとえばそこが解放されることでつくられる近道とか、新たな都市の見晴らしが得られる視点場とか、ちょっとした休憩場所とか、子どもたちが遊べるような草原、などである。これらの価値を積極的に評価し、それらを具体化させようとしたデッサウの縮小政策の試みは、都市計画的には「図」ではなく「地」に価値を創造しようとする、これまでの都市計画には欠如していたアプローチである。その斬新さがゆえに、その計画自体はなかなか合意されなかった。準備期間は８年間を要し、その遂行体制をつくるうえでも困難がともなった。2005年時点の会議においても、IBAの運営委員会は、このプロジェクトは「実行不可能である」と否定的な見解を述べている。それがデッサウにおいて正解であったかどうかは、現時点では不明ではある。ただし、縮小都市をデザインするうえでの新しいアプローチを提示していることは確かであり、その挑戦的な姿勢は高く評価できる。

(2) 市民の参画

　デッサウは都市を縮小するうえで市民を参画させることに力を入れた。市民は一般的に、参画の形が見えていると、より関与をすることになる。ランドスケープ・ゾーンにおいて最初に取り組まれた「400㎡デッサウ」や「5本の樫の木」は、その点を意識した。

　そして、上述したように多くの専門家や政治家が実現の見込みがないと判断した計画を具体化させたのは市民、そしてNPO組織であった。市民たちが、この計画に関心を抱き、そして支援をしたことが、その計画を前進させたのである。現在、プラッテンバウ団地の撤去された跡地をオープン・スペースとして転用させ、それを管理し、社会的な価値をつくることを担っているのは行政ではなく、市民たちなのである。

デッサウの「赤い糸」を歩いていると、デッサウ・ロシュラウがどのような将来像を描いているのかが見えてくる。この「赤い糸」は、すでにコミュニティによってつくられた庭園や、ちょっとしたスポーツ施設、公園などを結んでいる。住宅という経済的な価値は失っても、ランドスケープという新たな公共的価値が得られることで、「縮小することも悪くないな」という気分になってくる気がする。少なくとも、縮小していく将来の都市像が展望できることは悪くない。IBA ザクセン・アンハルト事業に参加している自治体は、縮小は「形づくる」ことができることを示したいと考えている。人口が縮小している状況においても、質は向上させることが可能であることを示したいと考えているのだ。デッサウの縮小計画の試みは、都市レベルでそのようなことが可能であることを示している。

【※注】
1. Thorsten Wiechmann, Anne Oklmann and Sandra Schmitz (2014) 'Making Places in Increasingly Empty Spaces' in "*Shrinking Cities*" Routledge, p. 137
2. 現在のバウハウスは私立学校という位置づけであるが、公的資金によって運営されている。公的資金の負担比率は連邦政府が 55 %、ザクセン・アンハルト州が 40 %、デッサウ市が 5 % である。バウハウスには三つの機能がある。教育・研究、ワークショップ、展示である。
バウハウスの復活はドイツ再統一前の 1980 年代にすでに画策されていた。ロルフ・クーンが 1980 年代半ばにヴァイマールに来て、バウハウスの伝統を復活させようとした。それは社会主義の考え方とは矛盾したが、すでに GDR の力も弱まっていた。その動きが 1989 年のデッサウ財団の設立に繋がる（バウハウスの研究員ハイケ・ブリュックナー氏への取材による）。
3. フィリップ・オスワルト（2010）「縮小都市への取り組み（フィリップ・オスワルトの取材記事）」『approach』2010 年秋号、竹中工務店、p. 12
4. 2009 年 2 月 18 日にブリュッセルで開催された EU 委員会主催の講演会での IBA ザクセン・アンハルト事業を代表したソニヤ・ベエック氏の発言。
5. Torsten Blume (2005) 'New Urban Configurations' in "*Die anderen Städte – Band 1*"
6. Markus Grob (2006) 'Art in Cities: Observations in Aschersleben and Dessau' in "*Die anderen Städte – Band 3*" pp. 73 〜 76
7. 同上
8. Regina Sonnabend (2010) 'The Processes of the IBA Urban Redevelopment 2010' in "*International Building Exhibition Urban Redevelopment Saxony – Anhalt 2010*" p. 430
9. Heike Brückner (2005) 'Transformation into the Unknown' in "*Die anderen Städte*"
10. Regina Sonnabend (2010) 'The Processes of the IBA Urban Redevelopment 2010' in "*International Building Exhibition Urban Redevelopment Saxony – Anhalt 2010*" p. 431

11. バウハウスの研究員ハイケ・ブリュックナー氏への取材による（2010. 3）
12. 同上
13. Markus Grob（2006）'Art in Cities: Observations in Aschersleben and Dessau' in *"Die anderen Städte − Band 3"* pp. 73 〜 76
14. バウハウスの研究員ハイケ・ブリュックナー氏への取材による（2010. 3）
15. Regina Sonnabend, 'The Processes of the IBA Urban Redevelopment 2010' in *"International Building Exhibition Urban Redevelopment Saxony−Anhalt 2010"* p. 431

第6章

コットブス
Cottbus　　　　　　　　　　　　　〈人口 99,401 人（2014 年現在）〉

6・1　概要 ― 雇用が激減した工業都市

(1) 地理および産業

　コットブスは旧東ドイツのブランデンブルク州の南東に位置するラウジッツ地方の中核都市である。人口は 2009 年 12 月 31 日時点で 9 万 9697 人であり、これはブランデンブルク州では州都のポツダムに次いで大きい。ベルリンからは 125 km ほど離れており、鉄道、そしてアウトバーンで連絡されている。

　コットブスはブランデンブルク州の東部のシュプレー川岸に発達した 12 世紀頃を起源とする中世からの城郭都市で、16 世紀には羊毛産業が栄えた。19 世紀には、繊維産業と褐炭掘りによって、工業開発がずいぶんと進展する。1850 年にはコットブスの人口は 9228 人しかいなかったが、1900 年には 4 万人まで増大する。鉄道が整備され、繊維産業が発展し、ラウジッツ地方の交易拠点として位置づけられたことが、その成長を促進させた。

　第二次世界大戦後の旧東ドイツ時代になるとコットブスは石炭産業、繊維産業、家具製造業、さらには食料加工産業の重要拠点として位置づけられ、人口が急激に伸びることになった[※1]。この人口を収容するために、郊外にてザクセンドルフ・マドロー、ノイ・シュメルヴィッツ、さらに都心に隣接した川向こうにザンドーという三つのプラッテンバウ団地がつくられることになる。

ドイツが再統一されると、経済の民営化が進み、コットブスは経済的に大きな変革を被る。コットブスの経済の中心である石炭産業は、現在でも政府からの補助金なしで事業は十分に成立するほど採算性が優れている。これは、同じドイツの石炭産業地域であるルール地方とは対象的である。ルール地方の石炭は質が良いが、採取するのにコストがかかるために、国際競争力を維持できず徐々に衰退していったのに対して、ここコットブスの石炭は、質は悪いが露天掘りであるため採取コストが安いので事業として採算が取れている。ただし、問題は、この産業が雇用に貢献していないことだ。これは、石炭産業の民営化にともなって効率性が図られたために、多くの雇用が不要となったためである。

　図6・1に1985年と2012年の産業別従業員数の割合を示している。統一前の1985年には従業員の55％が工業に従事していた。これが2012年には9％にまで激減する。また、社会主義時代には多かった公務員の割合も29％から14％と半減する。代わりに増えたのは、サービス産業で5％から62％へと増加する。このようなシフトは旧東ドイツ時代の他の都市も経験した大きな経済的変革であるが、改めてこの30年という短い期間でコットブスはパラダイム転換と呼べるような構造改革が起きたことが認識できる。

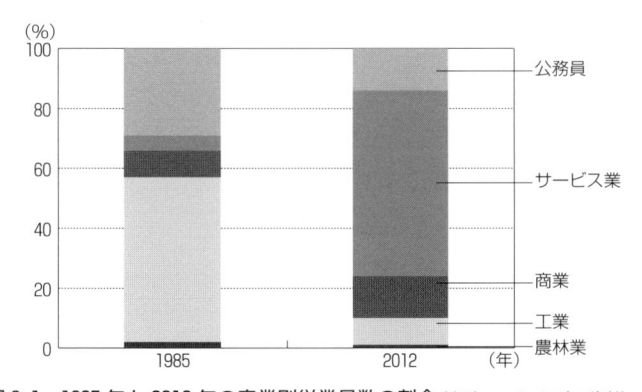

図6・1　1985年と2012年の産業別従業員数の割合 (出所：コットブス市の資料)

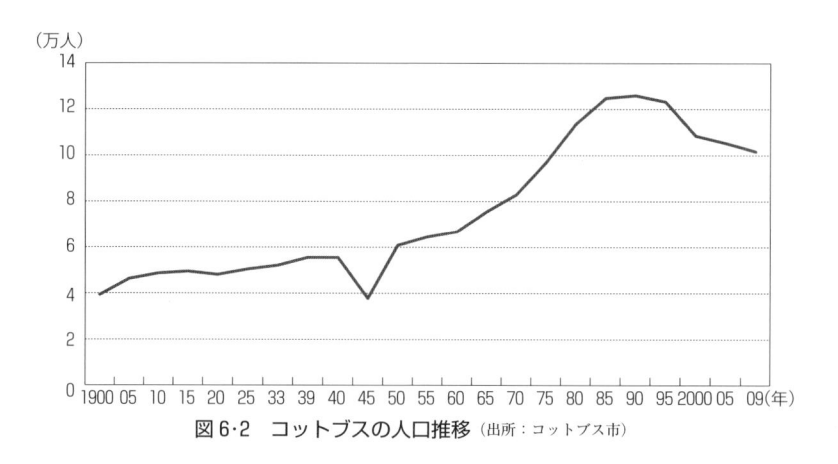

図6·2 コットブスの人口推移 (出所:コットブス市)

(2) 人口

　コットブスの人口の推移を 1900 年から 2000 年まで示したのが図 6·2 である。同市の人口は 1990 年をピークに、その後は減少をし始め、1990 年代の 10 年間で 14 % も減少する。2000 年以降は人口の減少も緩やかになり、2009 年では 10 万 1671 人。相当の人口減少率であるが、コットブス市は 1994 年、そして 2003 年に市域を拡張していることを考えると、実質的な人口減少率はさらに高かったと推察される。

(3) 空き家率

　コットブス市は人口減少を上回るスピードで住戸の空き家が増加している。図 6·3 はコットブス市における地区別の空き家の戸数の多さの予測を示している。この図では円の大きさで空き家の予測数を示しているのだが、北部にあるシュメルヴィッツ、そして南部にあるザクセンドルフ・マドロー、そして東部にあるザンドーなどのノイシュタット（ニュータウン）に多くの空き家が存在していることが分かる。

　また、ノイシュタットほどの規模ではないが旧市街地周辺の都心部においても空き家が多い。これらの地区は、産業革命後の 19 世紀後半から 20 世紀前半につくられた。多くの建物は、建築的な価値は認められてはいるが、旧

A. 中央駅
B. ザクセンドルフ・マドロー
C. ノイ・シュメルヴィッツ
D. ザンドー
E. アルトシュタット
　（旧市街地）

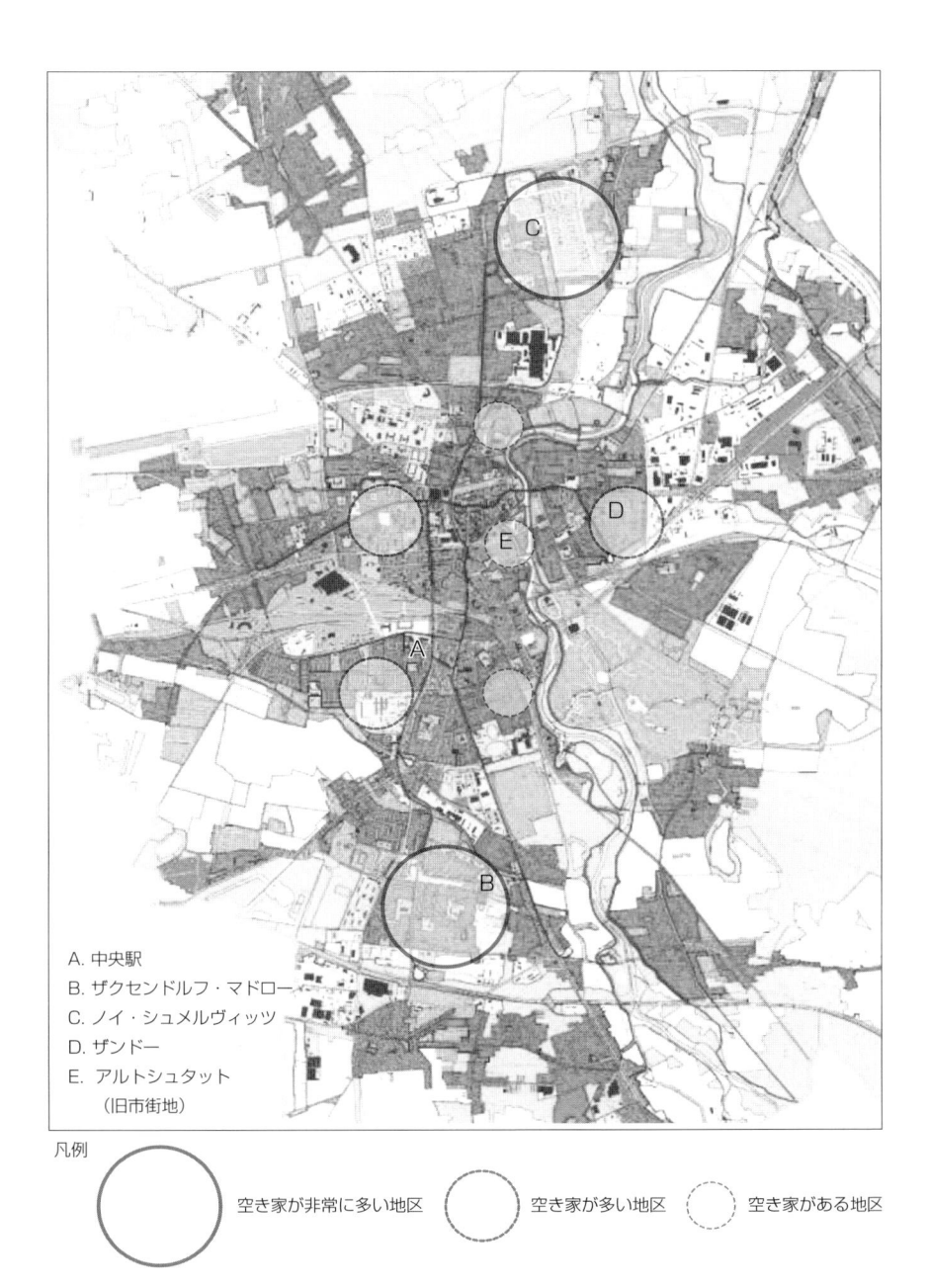

凡例

○ 空き家が非常に多い地区　　○ 空き家が多い地区　　○ 空き家がある地区

図6・3　コットブス市における空き家の戸数が多い地区
（出所：Stadt Cottbus, Stadtumbaustrategiekonzept Cottbus 2020, 2010. 07. 23）

東ドイツ政府はこれらを維持することに関心を示さなかったため、しっかりと維持管理されずに、その保存状況は劣悪である。旧東ドイツ時代の45年間も投資が行われない状況が続いたことが、現状の酷い状況を引き起こしている。

コットブスの都市政策において空き家の多さが課題となる地区は、中世からの歴史的市街地を除いた中心地区、それとプラッテンバウの集合団地が多く立地するノイシュタットである（口絵図5）。中心地区は住宅市場としては需要がそれほどないが、歴史的な価値はあり、都市計画による干渉が必要とされている。ノイシュタットは郊外化とともにプラッテンバウの集合団地の空き家率が上昇しており、維持管理コストが急騰し、住宅公社の経営を悪化させている。これらの課題を解消させることが、コットブスの都市政策上の重要な案件となっている。

また、都市構造面での変化では郊外化が進んだ。旧東ドイツ時代には、コットブスで郊外化は生じていなかった。しかし、統合後は民間の不動産会社が戸建て住宅を郊外の自治体に多く建設したこと、政府が持ち家取得を奨励したこと、さらにはそれらの自治体でFプラン（土地利用計画）の策定が遅れたこともあり、無秩序に郊外化が進んだ。これは土地利用規制が厳しい旧西ドイツでは見られない現象であった。コットブス都市圏から外へ出なかった人たちでも、お金があれば郊外部の自治体の戸建て住宅を購入する行動に出たのである[※2]。

旧西ドイツへと人口が移動するマクロな要因だけでなく、郊外化へ人口が流出するミクロな要因もコットブスの中心部、ノイシュタットのプラッテンバウ地区から人口を流出させている大きな要因であった。

表6・1に、コットブス市の2006年時点での将来の空き家率の予測を示した。これより、今後も住宅戸数自体があまり変化しないという仮定のもとでは、空き家率は増加し続け、2020年には市全体の23％の住宅が空き家になると予測された。このような空き家の増加は、住宅公社に深刻な経営問題をもたらすことが危惧された。

表 6·1　コットブス市の 2006 年時点の空き家率の予測

	2007 年	2010 年	2020 年
住　宅	58900	57300	58800
世帯数	51800	50000	45200
空き家	7100	7300	13600
空き家率	12 %	13 %	23 %

(出所：Stadt Cottbus,（2006）"*Analyse & Konzepte - Haushaltsmodell, eigene Berechnungen*")

6・2　縮小政策 ─ 都市構造のコンパクト化

　コットブスの縮小政策は、シュタットウンバウ・オストのプログラムにのっとって展開された。そして、同プログラムに申請するために、その条件でもある都市計画発展コンセプトを 2002 年に策定し、さらに 2006 年にその改訂版を策定、そして 2010 年に再々改訂版を策定している。

　これらのコンセプトにおいて示されているコットブスが縮小政策を実施する目的は二つ。一つは、コットブスの都心地区の再生である。コットブスの都心地区は歴史があり、それなりの趣がある。しかし、前述したように旧東ドイツ時代の 45 年間投資が行われなかったため、多くの課題を生じさせている[3]。ここを都市の中心として再定義することで、都市のアイデンティティを強化するということ、そして都心部の人口増加を目標の一つとした。

　もう一つは人口縮小にともない、都市構造のコンパクト化をしっかりと図ることである。コットブス市の人口縮減の考え方を図 6·4 に示す。これは、都市における人口の望ましい縮小のあり方を提示したもので、左下図のようにまばら状に人口が減少していくのではなく、周縁部から中心に向けて縮んでいくように縮小することが望ましいとした。

　この考え方は、空間的には理解しやすいが、都市の発展が中心から周縁部に広がったことを鑑みると、古いものを保全し、新しいものを壊すという考えでもある。コットブス市においては、都市の起源でもある中心部を保全し、新しく開発された周縁部を壊し、あたかも時計を逆回りするような都市の将

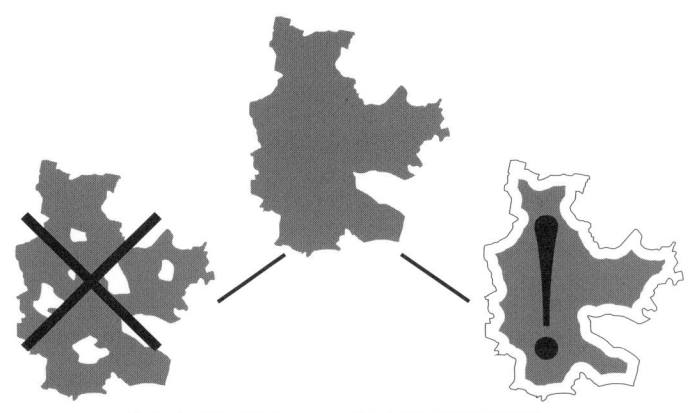

図 6·4 縮小下でコットブス市が目指す将来像
左のように、秩序なく散発的に人口があちこちで縮小するのではなく、周縁部からしっかりと縮小することが望ましい。
（出所：Stadt Cottbus（2005）"Stadumbaukonzept Fortschreibung"）

来像を提示したのである。そして具体的な政策としては、後述するように三つあるプラッテンバウ団地のノイシュタットのうち、ノイ・シュメルヴィッツとザクセンドルフ・マドローの二つを撤退縮小することとした。

そして、シュタットウンバウ・オスト・プログラムの補助金で 4710 万ユーロの投資（都心部に 1460 万ユーロ、プラッテンバウ団地等に 3250 万ユーロ）を行うことにした。

口絵図 6 はコットブスの 2020 年を目標年時とした将来計画図である。旧市街地から鉄道駅の周辺へと連なる中心部は、基本的に将来も維持される「核」として位置づけられている。また、巨大なプラッテンバウ団地であるザクセンドルフ・マドロー地区の一画も同様に「核」として指定されている。

6・3　成果 ― 都心の魅力向上と空き家率の低減

(1) 都心部の魅力向上

コットブスは上記の政策目標に基づき、都心部の強化、そして都市全体で

写真6・1　アルトマルクトのビフォアー（上）・アフター（下）
（出所：Stadt Cottbus）

はコンパクト化のための周縁部の積極的な減築を行った。その結果、コットブスはドイツ再統一から2014年までで4万人の人口を失ったが、一方で都心部の人口は25％ほど増加した。都心部の建物の改修や公共空間の都市デザイン事業を実施したことで、コットブスの文化的な心臓部とも言える旧市街地（アルトマルクト）は、10年前に比べると見違えるほど立派になっている（写真6・1）。

コットブスのアルトマルクトは、ドイツの都市のなかでもゲーリッツなどと並び、東欧色が強く感じられる歴史的街並みを有しており、これらを再生したことでコットブス市の観光客も増加している。2009年から2010年にかけて9.8％ほど観光客が増加すると、それ以降4年間連続で前年を上回って増えている[※4]。

表6・2 空き家率の推移（実際値）

年	空き家率（%）	住宅数	減築数（合計）
1995	3.5	58587	0
2000	17.5	62348	66
2005	11.8	61193	3812
2010	4.5	57275	9637

(出所：コットブス市資料)

(2) 空き家率の低減

コットブスではプラッテンバウ団地の撤去がなければ、2015年までに1万5千戸の空き家が生じると予測されていた[※5]。コットブスは2010年までに9637戸の住戸を撤去・もしくは減築した。その結果、2010年の空き家率は4.5％と2005年の11.8％から大幅に減っている（表6・2）。これは、2006年においての2010年の予測値である13％を大きく下回っており、減築による住宅数削減の効果が大きいと考えられる。

しかし、コットブス市は2015年以降も減築を計画している。これは、コットブス市の人口がきわめて高齢化しているからだ。1996年においては市民の平均年齢は37.9歳であったが、2004年には42.6歳にまで上昇している。そして、2020年には47.8歳にまで上昇すると予測されている。これまでは社会減での人口減少であったが、今後は自然減での人口減少が進むと市役所では考えており、今後も空き家は増えていく傾向にあると捉えている[※6]。そのため、2025年までに3千戸〜6千戸の建物を撤去することを計画している。

(3) 縮小政策により見出された光明

都心部の再生という点で言えば、コットブスの縮小政策は成功である。しかし、一方で郊外のプラッテンバウ団地の状況はどうであろうか。三つのプラッテンバウ団地でもっとも問題が少ないのはシュプレー川を隔てて都心と繋がっているザンドーである。そもそもの都市計画においても、都市再生地区として指定されていたが、都心部の再生が一段落した段階で、次の都市再

生地区としてはザンドーが考えられている[※7]。

　2015年にザンドーを歩いてみると、2006年に訪れた時の寂れた感じが払拭されていて驚く。季節の違いや天候の違いによって印象は変わるので、印象論で比較するのは無責任の誹りを逃れられないが、建物の外壁が以前のモノトーンからカラフルになっているし、また減築した建物によって、よりヒューマン・スケールなオープン・スペースがつくられており、生活環境は向上していると思われる。

　ザンドーとは異なり、撤去地区として都市計画において指定されたノイ・シュメルヴィッツやザクセンドルフ・マドローの中心部以外は、建物のあった場所に広大なる空き地が出現している。これらの空き地は、一部、シュタットウンバウ・オスト・プログラムの予算を使用して、住民のための農園がつくられている。コットブスのFプラン（土地利用計画）ではこれらは緑地として指定されており、政策的にもコンパクト化は図られているが、周辺の住宅との断続性が解消されるにはまだ時間がかかると思われる。

　そういった点では、問題を全面解決するには道のりは遠いかもしれないが、縮小政策をしたことで、2000年時点で展望された将来シナリオに比べ、相当肯定的な成果を出せているのではないだろうか。

【※注】
1. コットブス市ホームページ
   http://www.cottbus.de/gaeste/wissenswertes/geschichte/index.en.html
2. IBA Fürst Pückler Land 2000-2010 Project
3. ブランデンブルク工科大学コットブス・ゼンフテンベルクのルッツ・ヴュルナー氏へのヒアリング結果（2006.3）
4. Lausitzer Rundschau, 2010.12.22
5. Fuhrich and et al (2006) 'Stadtquartier im Umbruch' in *Werkstatt: Praxis Heft* Vol.42, ExWoSt, p. 20
6. コットブス市役所のドリーン・モーハウプト氏への取材による（2015.9）
7. Lausitzer Rundschau, 2015.3.23

第 7 章

ライネフェルデ
Leinefelde　　　　　　　　　　　〈人口 18,513 人（2014 年現在）〉

7・1　概要 ── 世界に知られる縮小都市の優等生

　ライネフェルデは世界中にその縮小政策が知られているチューリンゲン州にある小都市である。その取り組みは『Das Wunder von Leinefelde（邦題：ライネフェルデの奇跡）』（著者：ヴォルフガング・キール）に丁寧にまとめられている。同書は日本語でも翻訳されており、ここで新たに付け加えることはほとんどない。ただ、ライネフェルデの取り組みへの知恵と協働精神が、いかに相対的に優れていたかを他の事例と比較して理解してもらうためにも、ここにそのエッセンスを整理しておく。

　ライネフェルデはヘッセン州のカッセル市から東へ 60 km、チューリンゲン州の州都であるエアフルトから北西へ 80 km、ドイツのほぼ地理的中心に位置する。旧西ドイツにある大学都市ゲッティンゲンからだと、急行列車でわずか 30 分の距離にある。

　カッセルからエアフルトに抜ける街道筋の小さな宿場として発展し、第二次大戦以前の人口は 2600 人。旧東ドイツに所属してしばらく経っても小さな村のままであったが、東西ドイツの国境がすぐそばに引かれたため、ライネフェルデは数奇な運命をたどることになる。1959 年に旧東ドイツ政府はライネフェルデにヨーロッパ最大の紡績工業を設置した。その時の様子を『ライネフェルデの奇跡』では次のように表している。

　「ただ平坦な農地に、突然労働者 6 千人の工場が建設され 1964 年に操業が始まる。このとき、女性の交代制勤務も始まり、地域のライフスタイ

ルに根本的変化が起こる」[※1]。

　就労と居住の場を近接させるべく都市建設が進められ、村の南部にプラッテンバウのライネフェルデ団地（1962）が建設され、新たに1万3千人の人口が加わった。同団地の住居は4階から6階建てのプラッテンバウから構成され、これらは町の住居の90％に相当する5600戸を占めることになる[※2]。最後に完成したプラッテンバウ団地は1990年であることからも、ドイツ再統一直前まで、この団地計画が進捗していたことが分かる。

　しかし、ドイツ再統一後、ライネフェルデの状況は激変する。ライネフェルデの工場は市場経済のなかでの競争に打ち勝つことはできず閉鎖され、それにともない多くの住民が流出した。4千人ほどあった繊維産業関連の雇用は250人まで激減する。1990年代前半で町は4分の3の雇用を失った。1994年には失業率は25％にまで上昇し、仕事を求めて多くの人々が町を去っていった。1990年からの5年間では25％以上も人口が減少している。

　1980年代には1万6千人あった人口は2000年には1万人になるであろうと推測された。これは、雇用の不足という課題に加え、旧西ドイツに隣接しているため、旧西ドイツに流出しやすいという地理的環境も影響した。

　ライネフェルデは2004年に隣接するヴォルビス等と合併して、現在はライネフェルデ・ヴォルビス市の一画を占めている。旧ライネフェルデは、その人口の53％ほどを占めている（2011年）。新都市の1990年から2013年までの人口推移を図7・1に示す。2013年現在も依然として人口減少は進んで

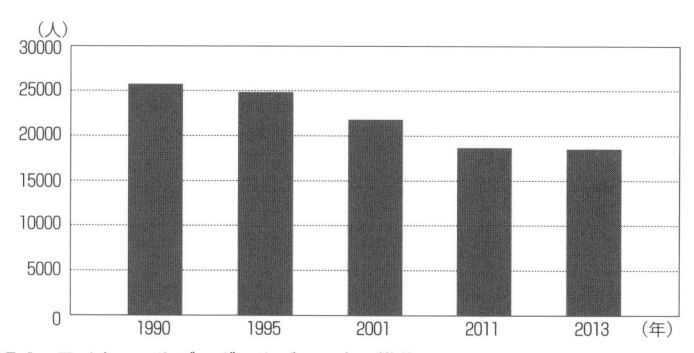

図7・1　ライネフェルデ・ヴォルビスの人口推移（出所：ライネフェルデ・ヴォルビス市役所）

いる状況にあるが、その減少スピードは落ちている。

7・2　縮小政策 ― 問題から目をそらさない

　ライネフェルデは、このような大量の人口流出に直面して、1990年から2015年現在まで市長を務めているラインハルト氏は大胆にして繊細な政策を展開することになる。

　ラインハルト氏は、1990年11月の市議会において初めて少子化と住民の転出について明らかにした[※3]。1992年には、連邦政府が都市再生特別措置「大規模ノイシュタット再開発」援助プログラムを施行したが、その予算を獲得するためには、マスタープランが必要であった[※4]。そこで、ラインハルト氏は「問題から目をそらさないこと」が何より重要であると訴え、「都市再生は自治体政策の中心である」[※5]という信念のもとに、人口が減少している現実を真正面から向き合って、将来の町の構想を描くためにもマスタープランを策定することにした。1995年のことである。

　町が抱えている最大の課題は南部にあるスードシュタットと呼ばれる旧東ドイツ時代につくられたプラッテンバウ団地のノイシュタットであった。ここに町の9割の住宅がある。マスタープランの策定には、旧西ドイツのダルムシュタットを本拠とする都市計画事務所GRAに委託する。マスタープランを策定するうえでは、徹底的な調査を行った。その結果、ライネフェルデから出て行った人の多くが若年層であることが判明した。若い人たちは他の地域でも仕事がみつかりやすいからである。スードシュタットは町の中心部に隣接した北の地区から、南へ向かって順繰りに団地が建設されていった。したがって、若い人たちの多くは南の団地に居住していた。空き家の調査結果からも、北よりも南のほうが空き家の割合が高いことが明らかとなった。近い将来、新たな雇用を創出するような企業が町に来ることも期待できなかった。現状のトレンドだと、プラッテンバウ団地の50％が空き家になると予測された。

そこで、思い切って住宅を撤去するという計画を策定することにした。GRAの都市計画プランナーで、ライネフェルデのマスタープランを策定したシュトレープ氏は、「ライネフェルデのように減築、すなわち総住戸数の削減を考えた都市は他にはなかった」[※6]と回想している。住宅団地を撤去することは、世界的に見れば目新しいことではない。アメリカのセントルイスにあった巨大なプルイット・アイゴー団地が行政サイドによって撤去されたのが1972年。ただし、都市を包括的に捉えて、縮小を目的として団地を間引くかのごとく、撤去をしたのはライネフェルデが初めてであった。

しかし、『ライネフェルデの奇跡』の著者が記しているように、その計画の「ほとんど革命的」である点は、「目前の状況の分析の仕方」にあった。

「それまでのプランナーならバラ色の未来像を描くところだが、このプランナーはすべての希望的観測を否定した」[※7]。

そのマスタープランは分析をした結果、次のような提案を行っている。

「家族構成の変化による所帯数の増加や1人あたり居住面積増を考慮したとしてもスードシュタットでは多量の住宅が不必要になる。空き家、低所得者、失業者の増加によって棲み分けが進むはずだ。街区単位の大規模な減築、撤去が避けられない」。そこでは、「スードシュタットの住宅の30％から50％は将来不要になる」という予測がなされ、それがマスタープランの出発点となる[※8]。2000年前後でもドイツでは「都市の縮退」はタブー視されていた。そのようななか、ライネフェルデは1995年に縮退に対応した計画を遂行していく。

具体的な減築計画であるが、「縮小は外側からなかへという合意は早い時期に形成」され、そして駅から南への二つの軸線を設定し、その軸線を都市軸として強化するというコンセプトに基づき策定された。この二つの軸線は、公共施設が集中する都市的軸と、それに平行するレクリエーション施設と緑の隣接する軸であり、それらを「コア・エリア」として位置づけた。この「コア・エリア」の都市空間としての一体性を崩さないということが、マスタープランの指針となった[※9]（図7・2）。

この二つの軸から離れている地区や住棟はリストラエリアとして位置づけられ、「そこでは間違った投資で改修されたり、計画を混乱させる事例を防ぐためにいっさいの資本投下が禁止され」[※10]た。ランドスケープ軸には歩道、自転車道が整備され、駅まで快適な環境でアクセスできることを意図している[※11]。

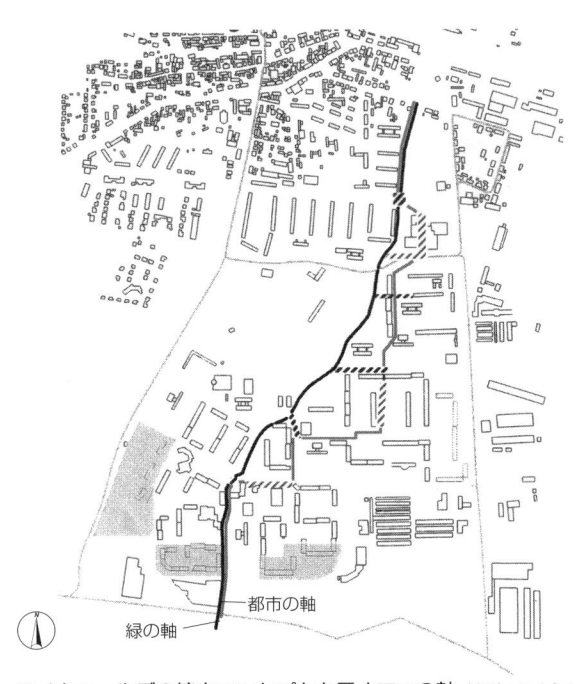

図7・2　ライネフェルデの縮小コンセプトを示す二つの軸（出所：ライネフェルデ市）

写真7・1　スードシュタットのプラッテンバウ団地が撤去された跡地

ライネフェルデはまさに縮小都市対策のパイオニアであった。まず、どの自治体よりも先頭をきって最初の建物取り壊し計画（1994年のマスタープラン）を策定し、最初の減築コンペ（1996年）を実施し、最初の建築撤去（1998年）を実施した[※12]。そのライネフェルデの縮小計画は2008年時点で終了した。1600戸の住居が消滅し、2002戸が完全リニューアルされ、878戸が部分リニューアル、そして40戸が新築された[※13]。

7・3　成果 ── 現実主義になること

　ライネフェルデの縮小政策は「奇跡（Wunder）」と形容される。ライネフェルデは一体、どこが「奇跡」と呼ばれるほど特別なのであろうか。

(1) 人口流出のストップ

　ライネフェルデの縮小対策の成果としては、社会人口減がほぼゼロになったことがまずあげられる。郊外への人口流出も見られなくなっているし、中心部での住宅需要が少しずつではあるが増えてきている。撤去・減築事業はもう終了しており、現在では縮小過程という緊急事態下ではなく、通常の都市計画を行っている[※14]。同市は縮小都市ではなく、普通の町になったのである。

　経済的な状況も悪くない。綿織物加工の単一産業構造だったのが、現在ではアウトバーンのインターチェンジに近いという立地特性を活かして、自動車部品流通拠点になり、建設や運輸関連の中小企業、各種クラフトの小企業なども立地して「健全な産業構造」になってきている[※15]。旧西ドイツと旧東ドイツの両方の企業が立地している。とくに地元の建設会社は、撤去や減築によってその技術を修得した。これらは、誰もノウハウをもっていなかったので、他の地域での撤去や減築業務の仕事を受注することに繋がっている。そのような追い風もあって、ライネフェルデの失業率（8.3%）はチューリンゲン州の平均（11.4%）よりも低くなっている[※16]。チューリンゲン州自体も

旧東ドイツの平均よりは悪くないので、ライネフェルデは旧東ドイツという枠組みでは相当、優等生である。

ライネフェルデでビジネスを展開する優位性としては、進出企業は次の項目をあげるそうだ。

 ①地理的利便性：ライネフェルデはドイツの中心に位置する。交通ネットワークが充実していて移動が便利である。アウトバーンも工業団地のそばにある。

 ②住宅環境：従業員がライネフェルデに引っ越した時の住居の選択肢が多く、生活環境が良い。小売り機能も優れており、またインドア・スイミング・プールがあるなど休日のレジャー機会も豊富である。

 ③知名度：ライネフェルデはその都市規模に比して知名度が高い。これはビジネスには有利である。

これまで、ライネフェルデ市民はカッセルやゲッティンゲンに通勤できるというメリットを得ていたが、現在では流入と流出とはほぼ同数だそうだ。インフラや生活環境に関しても、地域暖房は新しいパワー・ステーションを整備し、効率性が向上し、上水道に関してはタンクを小さくするなどして、縮小による非効率性に対応している[※17]。さらに、道路もライネフェルデ周辺にバイパスがつくられたので、通過交通が町なかを通ることがなくなった。そして、ライネフェルデ住宅公社（WVL）の経営は2005年から再び黒字へと転換した[※18]。これは生活保護者を入れるなど工夫をしたためでもあるが（生活保護者の家賃は政府から支払われる）、それでも縮小計画の大きな目標は達成できたと考えられるであろう。

(2) 生まれ変わったライネフェルデ

そう考えると、「ライネフェルデはまったく生まれ変わったと言えるかもしれない」と同市の広報担当者であるブリジッタ・ヴィンクラー氏は嬉しそうに述べていた。

そして、何よりも住民が変化に肯定的になっている[※19]。その背景には、

同市の縮小政策が数々の賞を受賞したことがある。ライネフェルデは、その政策に対して2000年のハノーファー万博エキスポ2000大賞、2003年の「ドイツ建築賞」、2004年のEUヨーロッパ都市計画賞などを授賞した[20]。そのような外部からの評価が、住民にこの変化を受け入れるメンタリティを醸成したことこそがライネフェルデが得た最大の成果であり、また、今日のライネフェルデがある最大の理由かもしれない。ラインハルト市長の支持率は選挙ごとに上がっている[21]。そういった点から、ライネフェルデ市民も徐々に縮小政策を理解してきたと考えられる。シュトレープ氏は、市長のことを「とにかく現実主義者だと思う」と評す。ライネフェルデの縮小政策の成功に、状況を客観的に冷徹に見据えた市長のプラクティカルな側面があったことは示唆に富んでいる。

このようにライネフェルデは、人口減少という直面した危機を見事に解決するように機動的に動いて、多くの成果を生みだした（表7・1）。ラインハルト市長のリーダーシップと状況を冷徹に観る分析力と、将来を構想する創造力。減築・撤去という、当時タブーであった施策を遂行する冷徹さと英断と

表7・1　ライネフェルデの縮小政策に関する年表

年	出来事
1990	ラインハルト氏が市長になる
1993	連邦と州の共同プログラムへの参加と援助の申請（そして承認）
1994	マスタープラン（INSEK）の作成
1995	マスタープランの議会承認
1996	アイデア・コンペを実施する。ハノーファー万博の場外会場への参加申請
1997	建物撤去の実施の決定
2000	計画の遂行（第一フェーズ）
2000	ハノーファー万博のイベントの一部を開催する
2002	都市計画発展コンセプト（ISEK）の策定
2002	2nd prize in urban architecture competition "Sternstadt 2002"
2002	1st prize in national competition "Urban restructuring in East Germany" (Stadtumbau Ost) 2002
2003	ドイツ都市建築賞（Deutscher Städtebaupreis）
2004	アインシュタット通りの一つの長大な団地を八つの集合住宅へと減築

（出所：『ライネフェルデの奇跡』などをもとに筆者作成）

写真7-2 ライネフェルデの建物を撤去した後につくられた花畑

勇気。そして、市長を信頼し、変化をいたずらに恐れずに、それを積極的に受け入れる住民が、人口縮小をするライネフェルデの危機を克服させたのであろう。1995年においては、「引っ越した理由」として42％が「プラッテンバウ団地の住宅の質（の悪さ）」を挙げていたが、2008年にはこの数字は15％にまで減少している。一方で「家族の理由」をあげた人は、1995年の4％から2008年には30％に増えているし、「仕事」も5％から24％にまで増えている。

『ライネフェルデの奇跡』を記したキル氏は、連邦政府のシュタットウンバウ・オスト・プログラムを多くの自治体は「建物撤去プログラム」としか解釈していなかったが、ライネフェルデは、「不可避な建物撤去と並行して残せる建物の再利用に常に取り組んできた」と評価している[22]。そして、ライネフェルデはそれを「都市を生かす改造」と解釈した、と言及している[23]。シュトレープ氏は、「当時誰も考えなかった減築（住戸の削減）手法を導入したことは高く評価される」[24]と述べている。

ライネフェルデの減築した場所を歩くと、所どころに長方形のお花畑を見ることができる。これは、ラインハルト市長が2013年から実施している試みで、建物があった場所に花を植えることで、そこに人々が暮らしていた団地が存在した記憶を朧気ながらも次代へと継承する役割を担っている。この

ようなちょっとした市民への心遣いが、ライネフェルデが減築・撤去という大胆な施策を成功させた要因なのではないかと考察する。

【※注】
1. W. キール、澤田誠二・河村和久訳（2009）『ライネフェルデの奇跡』水曜社、p. 22
2. Urlike Steglich（2006）'Leinefelde: Orderly Retreat' in "*Shrinking Cities*" p. 70
3. その時の議事録には「我々は、わが町で住居が撤去されるのを防ぎきれないだろう」と記されている（『ライネフェルデの奇跡』p. 91）。
4. W. キール、澤田誠二・河村和久訳（2009）『ライネフェルデの奇跡』水曜社、p. 51
5. NPO団地再生研究会・合人社計画研究所編著（2006）『団地再生まちづくり』水曜社、p. 109
6. 澤田誠二編著（2012）『サステイナブル社会のまちづくり』明治大学出版会、p. 102
7. W. キール、澤田誠二・河村和久訳（2009）『ライネフェルデの奇跡』水曜社、p. 53
8. 同上、p. 105
9. 同上、p. 106
10. 同上、p. 55
11. ライネフェルデ市役所資料：Rahmen Plan
12. W. キール、澤田誠二・河村和久訳（2009）『ライネフェルデの奇跡』水曜社、p. 149
13. 同上、p. 73
14. ライネフェルデ市役所の広報担当者ブリジッタ・ヴィンクラー氏への取材による（2015.8）
15. W. キール、澤田誠二・河村和久訳（2009）『ライネフェルデの奇跡』水曜社、P. 99
16. ワールド・ハビタットのホームページ
    http://www.worldhabitatawards.org/winners-and-finalists/project-details.cfm?lang=00 & theProjectID=73731BB1-15C5-F4C0-9900BBA4F68107AE
17. ライネフェルデ市役所の広報担当者ブリジッタ・ヴィンクラー氏への取材による（2015.8）
18. W. キール、澤田誠二・河村和久訳（2009）『ライネフェルデの奇跡』水曜社、p. 73
19. Urlike Steglich（2006）'Leinefelde: Orderly Retreat' in "*Shrinking Cities*" p. 75
20. NPO団地再生研究会・合人社計画研究所編著（2006）p. 109
21. W. キール、澤田誠二・河村和久訳（2009）『ライネフェルデの奇跡』水曜社、p. 90
22. 同上、P. 69
23. 同上
24. 同上

第 8 章

シュヴェリーン
Schwerin　　　　　　　　　　　　　　　　〈人口 92,138 人（2014 年現在）〉

8・1　概要 ── もっとも人口が少ない州都

　シュヴェリーンはメクレンブルク・フォアポンメルン州の州都である。ドイツ 16 州のなかでもっとも人口が小さい州都だ。ハンブルクと同州最大の都市であるロストックを結ぶ幹線上にあり、ハンブルクからもロストックからも鉄道で 1 時間ほどの距離に位置している。ベルリンからも鉄道で 2 時間ほどで到達できる。

　「七つの湖の町」（実際は 12 の湖が存在する）とも呼ばれ、湖と森とに囲まれ、中心市街地も市内最大の湖、シュヴェリナー湖畔に位置する。市域の面積の 3 分の 1 が湖である。第二次世界大戦の爆撃をほとんど受けていないため、中心市街地は歴史的建築物も多く、趣がある。都市の象徴は、ルネッサンス様式のシュヴェリーン城で、シュヴェリーン湖畔沿いに建っているその姿は観る人の心を摑む美しさだ。

　シュヴェリーンは 12 世紀にヘンリー獅子王によって建設された。大聖堂もこの頃つくられ、以後、増改築をへて現在にいたっている。1358 年にはメクレンブルク公爵領になり、それ以降、公爵の居住地となる。1500 年頃にシュヴェリーン王宮の建設が始まり、17 世紀にはメクレンブルク・シュヴェリーン公国の首都となる[※1]。旧東ドイツ時代は、メクレンブルク州は三つの地区に分割されるが、シュヴェリーンはシュヴェリーン地区（Bezirk）の地区庁所在地となる。そして、ドイツ再統一後は、同じくメクレンブルク・フォアポンメルン州の地区庁所在地であったロストックと州都の地位を競合

写真 8·1　ノイ・ジッペンドルフからシュヴェリーン湖を望む

するが、シュヴェリーンが選ばれることになる。

　シュヴェリーンの地域経済は低いレベルではあるが比較的安定している。これは州都であることが大きく、現在でも州政府で6千人が働いている。旧東ドイツ時代には、政府はシュヴェリーン・スードと言われる工業地区を整備し、皮革や繊維、さらには機械産業などを集積させようとした。また、バルト海まで30㎞と近いこともあり、造船産業関連の工場が都心部の北部にある程度、立地していた。

　しかし、シュヴェリーンは産業都市として位置づけられることはなく、他の産業都市などと比べると、旧東ドイツ時代には、それほど投資をされなかった。そのため、アイゼンヒュッテンシュタットやホイヤスヴェルダ、ライネフェルデのような産業都市や、港湾としての位置づけがドイツ再統一後、急激に後退したロストックのように強烈な経済ダメージを90年代には受けなかった。これが後述するように、他の都市に比べて縮小現象に対してしっかりと対応できなかった遠因かとも考えられる。ただし、旧西ドイツとの国境が近かったためソビエトの軍事施設が設置された。これは、ドイツ統一後、開発の貴重な種地になるが、そもそもの開発需要がそれほどなかったため、ようやく最近になって注目されているような状況である。

　人口は東ドイツ時代末期の1987年には約13万人であったが、2013年に

は10万人を割った約9万3千人となっている。人口の減少幅は大きいが、その減少のスピードは緩やかであり、前述した産業都市[※2]とは大きく異なっている。ただし、この緩慢なる人口減少は、糖尿病のようにじわじわとシュヴェリーンから活力を奪いつつある（図8・1）。

　社会主義時代にはシュヴェリーンには五つの住宅地区が計画的につくられた。そのうちの二つは、1950年代につくられたもので煉瓦造3階建ての低層で、旧市街地である都心からも近かった。その後、1970年代につくられた三つの住宅地は、都心から5kmほど南に建設されたもので、プラッテンバウ団地であった。それと同時に工業地域も南側につくられ、この住宅地域と工業地域とはトラムで結ばれるようになる。

　縮小がもたらす課題は二つある。一つは1918年までに都心においてつくられた建物の老朽問題である。ライプツィヒの中央駅の東側やコットブスのアルトマルクトと同様の問題であるが、なにしろ、建物の状態が非常に悪かった。これの改善が課題であった。

　もう一つは、上記の三つのプラッテンバウ団地における人口減少である。これはロッシュ・ドレーシュ、ノイ・ジッペンドルフ、ミューサー・ホルツという団地であり、1996年頃から人口が縮小し始めた。ミューサー・ホル

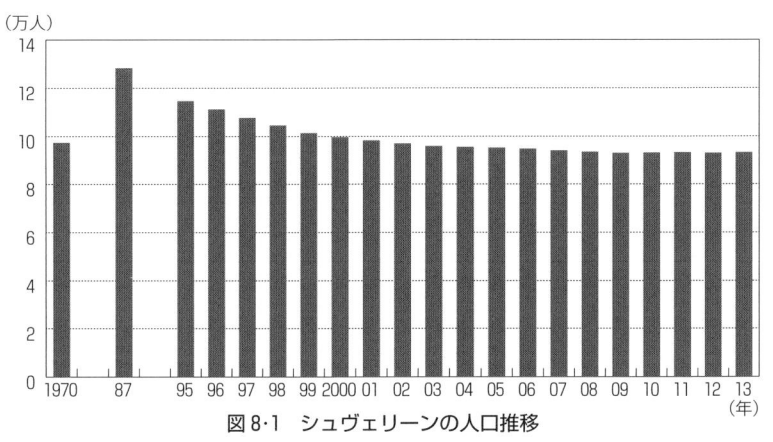

図8・1　シュヴェリーンの人口推移

（出所：ドイツ連邦政府資料・Landeshauptstadt Schwerin（2015）"ISEK Schwerin 2025"）

ツでは、毎週日曜日には5〜10人の家族が出て行くような状況であった[※3]。それと同時に、空き家率が向上し始めた。建物の施設は貧相で、5階建てなのにエレベーターも敷設されていなかった。そのため、最上階である5階はとくに人気がなく、ほとんどが空き家のような状態になってしまった。人口が減少することで、これらの地区の住宅は圧倒的に供給過多になってしまったのだ。

8・2　縮小政策 ── 再生のための空間づくり

(1) 都市計画発展コンセプト

　シュヴェリーンの縮小への対応は他都市と比べると遅かった。これは、産業都市のように雇用が一夜で失われるといったことがなかったことに加え、ドイツ再統一後に州都として定められたため、将来に対して楽観的であったからであろう。

　ただ、徐々にではあるが確実に人口は減少していった。しかし、その現実をライネフェルデやライプツィヒのように直視することはなかった。縮小政策は政治家には人気がなかったし、他の都市とは異なり、住宅公社にも人気がなかった。住んでいる建物が撤去されることになれば、すぐ引っ越ししたがるだろう。住宅公社はむしろ、そちらのほうを心配し、そのような噂が起きたらたいへんだと考えた[※4]。

　とはいえ、シュタットウンバウ・オスト・プログラムが開始される直前の2001年には人口減少による問題は明らかとなっていた。とくに、南部にある三つのプラッテンバウ団地は空き家が増え、それによって団地を破損するヴァンダリズムの問題も生じ、地区のイメージは悪化していた。住宅公社の賃借対照表の内容も減築・撤去といった対策をしなければどうにもならないほど悪化していた。

　シュタットウンバウ・オスト・プログラムの助成対象となるには、市が縮

小計画に関する都市計画発展コンセプトを策定することが条件なので、それを 2002 年に策定した。そして、最初の改訂版を 2005 年に作成。その後、2008 年にまた改訂をした。これらすべてに関わったシュヴェリーン市役所のアンドレアス・ティーレ氏は「2002 年には、ミューサー・ホルツを撤去するなど想像もできなかった」という。人口縮小の勢いは、当事者にとっても想定外であったのだ。

シュヴェリーンの都市計画発展コンセプトのポイントは、①中心市街地の強化と、②プラッテンバウ団地の空き家を減築・撤去によって減らす、というもので目新しいものではない。市役所と住宅公社は、既存のプラッテンバウ団地の 3 分の 1 を撤去することを計画した。その前提として 2017 年には 1989 年に比べると 31 ％ から 38 ％ ほど人口が減少すると予測された。

シュヴェリーンの都市計画発展コンセプトは、地区ごとにその状況を勘案した計画・戦略を策定していることに特徴がある。それは「シュヴェリーンに住んで」という副題がつけられた。ここでは、そのうち、①中心市街地の強化と、②プラッテンバウ団地のうちノイ・ジッペンドルフでの取り組みを紹介する。

(2) 中心市街地の取り組み

中心市街地の取り組みの目標は「都心を完全に再生させること」。そのためにも、ミックス・ユースを促進させ、ウォーターフロントに公共空間を創造し、ハイエンドな住宅地区をつくることとした。

ウォーターフロントに公共空間を整備することに関しては、後述する連邦庭園博覧会という絶好の機会を活かして、具体化させる。また、中心市街地での居住に関しては、歴史的市街地、フェルトシュタット、パウルシュタット、シェルフシュタットという 4 地区において、それぞれの地区特性を活かし、リノベーションを中心とした住環境の改善を行った。

シュヴェリーンの中心市街地は 19 世紀後半につくられた建物が多い。それらの建物は、第二次世界大戦に爆撃されなかったため、旧東ドイツ時代に

はほとんど改修されていなかったにもかかわらず街並みには趣がある。そのため、シュヴェリーンはドイツ再統一後すぐ1991年に都心部の大部分を保全地区として指定し、中心市街地の街並みを保全しつつ、朽ちていた建物を修繕し、さらに都市デザインによって公共空間を改善することにした。

　具体的には都心部の空き家を、高質の建物へと改修することによって、ファサードなどによる景観的価値を高め、街並みの魅力を向上させる。シュヴェリーンの都心部では公有地だけでなく、民有地を含めて、この事業が7カ所で進展している。

　このような事業は、空き家という地区のマイナス要因を、高質の建物というプラス要因へと転換させる。さらに、公共空間を街の「居間」として位置づけ、都市デザイン事業等を通じて、アメニティを向上させることで、地区全体の生活空間としての価値も高めるようにしている。シュタットウンバウ・オスト・プログラムで、この地区の再生のために400万ユーロが投入された。

(3) ノイ・ジッペンドルフの再生

　ノイ・ジッペンドルフはシュヴェリーンの旧市街地から南へ5kmほど離れた所に開発されたプラッテンバウ団地である。都心から離れてはいるが、充実した公共交通ネットワークに恵まれ、また周辺には湖や森などもあり、住宅環境としては決して悪くはなかった。しかし、シュヴェリーンの地区のなかでももっとも人口減少が激しかった地区の一つで1995年から2004年までに60％も人口が減少し、さらに進んでいくと予測された。団地の戸数は4400戸。2002年時の同団地の空き家率は18.3％。近代化された団地は23％にすぎず、建物によっては空き家率が25％を超えた。失業率も高く、衰退地区とのレッテルが貼られてしまった。

　そのような状況下で、最初のノイ・ジッペンドルフの再生計画が1999年に策定された。そして、それは2002年に策定されたシュヴェリーンの最初の「都市計画発展コンセプト」（ISEK）に反映されることになる。

　その再生計画は、住環境を向上させるために、公共空間や中庭を結ぶ「緑

の軸」を整備するというものであった。さらに、需要がほとんどない住宅を減築もしくは撤去し、社会インフラも再編成させることにした。この計画は「都市計画発展コンセプト」の最初の改訂版である2005年度版、さらには次の改訂版である2008年度版においても踏襲されている。社会インフラの再編成としては、二つの学校と一つの幼稚園を閉校・閉園し、一つの学校は残したが、図書館や集会場などを併設し、多機能化することにした（後述するアストリッド・リンドグレン学校）。

ノイ・ジッペンドルフでは、減築・撤去事業に対する人々の不安を緩和させるために、またその悪いイメージを払拭するためにも、減築事業によって価値を高めることを意図した事業を、まさにノイ・ジッペンドルフの玄関口とも言えるベルリン広場にて実践した。それは、2004年に完成した「ゴー・グリーン・ヴァレー」と2013年に完成した「湖畔テラス」である。

「ゴー・グリーン・ヴァレー」とは、住環境再生プロジェクトである。2002年、ノイ・ジッペンドルフの中心であるベルリン広場に隣接している地区にある12の建物、計680戸を313戸にまで減築した。すべての建物は専用の入り口が設けられ、バルコニーが設置された。さらに、内部の施設等を近代化させるだけでなく、屋根や外装もお洒落にして、洗練されたものにした。加えて、それまでのパターン化された住宅ではなく、多様なタイプをつくり、床面積も50㎡〜120㎡、室数も二つ〜四つのものを提供した。81戸は高齢者対応にし、一つの建物は全戸を省エネルギータイプにするなど多様なニーズにも応えられるようにした。このように、ノイ・ジッペンドルフの玄関口とも言える地区において、あえて大胆な減築を行うことで、それまでの画一的でモノトーンな団地のイメージを大きく変容させることを意図したのである。

「ゴー・グリーン・ヴァレー」の成功に気を良くしたのか、それに隣接した地区で「湖畔テラス（Seeterrassen）」という名称のプロジェクトが遂行された。これは、310戸の団地を減築して168戸にするというものである。ここでは建物の1階にはすべてテラスと個人用の庭が設置されている。また、

写真8·2　ゴー・グリーン・ヴァレーの住宅群

写真8·3　リノベーションされたアストリッド・リンドグレン学校

　この地区で住宅公社は多世代居住の住宅を新築している。そこでは、中庭があり花壇もつくられている。
　さらに、団地だけでなく、公共施設の改善プロジェクトも遂行した。ベルリン広場と「ゴー・グリーン・ヴァレー」に隣接している角に、アストリッド・リンドグレン学校がある。ここは生徒数が減ったことで閉校されることが検討されたのだが、ノイ・ジッペンドルフの中心地区の魅力を向上させようと努めていたシュヴェリーン市としては、何はともあれ、そこに廃校があることを回避したかった。そのため、学校の中庭を集会場へとリノベーションすると同時に、省エネルギー化を図るために建物の修繕も行った。そして、

図書館なども校舎内に設置し、社会都市プログラムやシュタットウンバウ・オスト・プログラムの補助金を用いて、多機能学校として 2006 年に再オープンするようにした。

　前述した二つのモデル・プロジェクトと、アストリッド・リンドグレン学校が立地するベルリン広場は、トラムの駅前にあるのだが、その洗練されたデザインの建物群は、社会主義時代につくられたプラッテンバウ団地のイメージとはまったく異なるものである。

8・3　庭園博覧会の活用

　ドイツには連邦庭園博覧会というイベントがある。それは、斬新なランドスケープ・アーキテクチャーのアイデアが展示される場でもあり、1951 年にハノーファーで第 1 回目が開催されて以来、2 年ごとに各都市で開催され、現在にいたっている。これは、短期的には庭園博覧会といった観光客を内外から呼び寄せるイベントではあるが、長期的には都市の構造を大きく改変させる都市計画の手法である。旧東ドイツの都市は 1990 年以降、積極的にこのイベントを都市再開発に活用しており、1995 年コットブス、1999 年マクデブルク、2001 年ポツダム、2003 年ロストック、2007 年ゲラ、そして 2009 年シュヴェリーンで開催している（2011 年と 2013 年は旧西ドイツで開催した）。

　シュヴェリーンでの同博覧会は、シュヴェリーン城をメイン会場として、その周辺に七つの異なるタイプの庭園を配置した（口絵図 7）。会場の総面積は 55 ha であり、歩いて回るのにちょうど良い規模であった。コンセプトは 18 世紀から現在にいたる庭園デザインの歴史の展示。シュヴェリーン城は、湖に囲まれているので、ここを中心とする展示会場は必然的に湖を借景とした庭園デザインとなる。そのため景観的にはドラマチックな演出がなされ、訪問者はユニークな空間体験をすることができた。このイベントによって計画当初は 180 万人の来客が見込まれていたが、実際は予想を上回り 190 万人が訪問した。連邦庭園博覧会は事業採算面で成立する数少ない観光イベントで

写真 8・4　庭園博覧会の様子

ある。そういった点でも開催都市には大きなメリットがあるのだが、より大きいのはこの博覧会を契機として空間を大きく変容することが可能となることだ。同博覧会が開催される都市は、通常、多額の補助金を受けることができるので、開催と同時に、その地域を大きく変容させるような都市計画を策定し、都市改造を行うことが可能となる。

　シュヴェリーン市はこの博覧会に合わせて城を修復したり、道路を整備したりしたが、最大の成果は、それまで一般の人々がアクセスできなかった湖のウォーターフロントを開放したことである。これによって、湖という同市の貴重な資源が活かされることになった。

　予算が不足している縮小都市において、このような都市改造を可能とする

イベントがもたらす効果は大きなものがあることをシュヴェリーンの庭園博覧会は示唆している。

8・4　成果 ── 進展するコンパクト化

庭園博覧会はそのレガシーとして、多くの庭園がそのまま公園として活用された。「台所の庭園」には住宅がつくられ、「城の庭園」はオープン・ステージが整備された。そして、それまでアクセスできなかったウォーターフロントが公共空間へと変容され、シュヴェリーンの都心の魅力は大幅に改善された。

中心市街地の再生に関しては、多くの成果が得られている。図8・2に2004年から2013年の市内の地区別人口推移を示す。中心部においては人口が増加している一方で、ノイ・ジッペンドルフをはじめとしたプラッテンバウ団地は人口が大きく減少している。都市全体としてはコンパクト化が進んでいることが理解できる。

A. アルトシュタット
B. フェルトシュタット
C. パウルシュタット
D. シェルフシュタット
E. ヴェルダーフォアシュタット
F. レーベンベルク
G. ヴェストシュタット
H. ランコー
I. グローシャー・ドレーシュ
J. クレブスフユーデン
K. ノイ・ジッペンドルフ
L. ミューサー・ホルツ

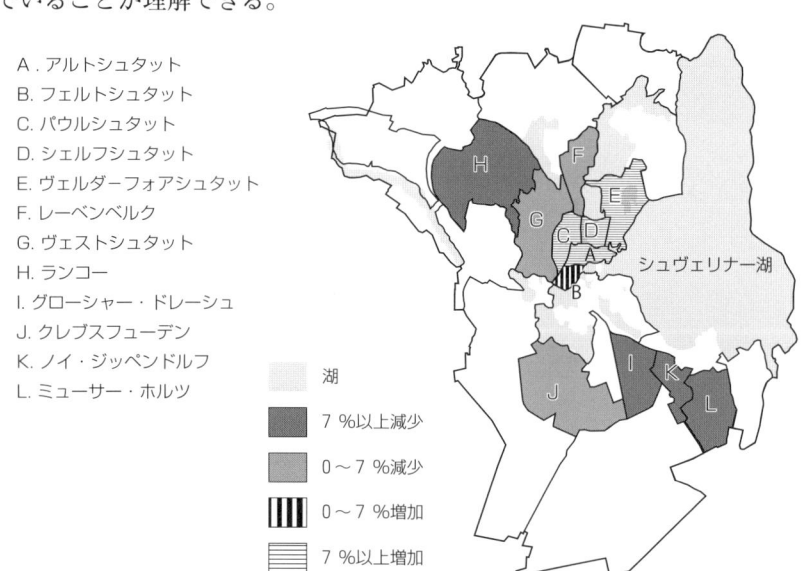

図8・2　シュベリーン市内の地区別人口推移（2004〜2013年）
（出所：Landeshauptstadt Schwerin（2015）*"ISEK Schwerin 2025"*）

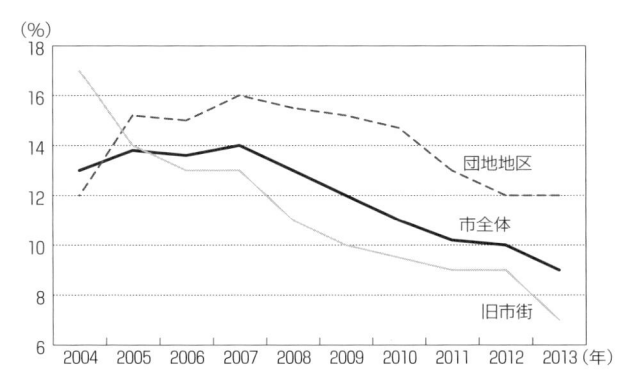

図8・3 空き家率の推移（出所：Landeshauptstadt Schwerin（2015）"ISEK Schwerin 2025"）

表8・1 地区別の空き家率の推移、そして住宅戸数の増減（2004～2013年）

		空き家率（%）2004年	空き家率（%）2013年	住宅戸数の増減（2004～2013）
都市地区	パウルシュタット	19.1	8.7	-42
	フェルトシュタット	11.4	7.9	-129
	シェルフシュタット	22.1	8.5	+11
	歴史的市街地（アルトシュタット）	22.4	11.8	-138
団地地区	ノイ・ジッペンドルフ	12.1	11.0	-710
	ミューサー・ホルツ	24.0	19.4	-2436
	グローシャー・ドレーシュ	7.9	8.5	+106

（出所：Landeshauptstadt Schwerin（2015）"ISEK Schwerin 2025"）

　図8・3に空き家率の推移を見る。旧市街の空き家率は2004年に17％であったが、2013年に7％まで低下している。この間、住宅ストックの量はほとんど変化しておらず世帯数の増加によって、空き家率の低下がもたらされている。他方、旧市街地域でも2007年の16％をピークに、以降は空き家率の低下傾向が見られる。これは減築の進行による住宅供給量の減少によるところが大きい。住宅ストックは期間中に約3千戸減少している。
　さらにシュヴェリーン市の縮小政策を重点的に展開した地区における2004年から2013年の地区別の空き家率の推移、そして住宅戸数の増減を表8・1に示した。人口減少の著しかったミューサー・ホルツではこの間に2436戸の住宅が削減されており、空き家率の低下も実現している。

都心地区での住宅戸数の減少は、団地地区に比べるとわずかではあるが、空き家率は随分と減少している。シェルフシュタットのように供給戸数が増加しているにもかかわらず空き家率は大幅に改善している地区もある。

　事例として取り上げた団地地区のノイ・ジッペンドルフでは、重点的に投資がなされた中心地は見違えるように改善された。「ゴー・グリーン・ヴァレー」の家は、都心部と同じぐらいの家賃でも借り手がいるなど、たいへん人気がある[※5]。ベルリン広場のアストリッド・リンドグレン学校のプロジェクトは、それまで単一機能しか有してなかった学校が、いかに多様な機能を有する施設へと転換できるか、その可能性を示すことに成功した。そして、その転換によって、この地区の魅力をも向上させた。それまで生徒しか使わなかった施設が、多様な用途を確保したために、多様な人々に活用されることになった。さまざまな機能を集積させることは、その地区の中心性を強化させることにも繋がるし、その結果、予算をあまりかけずに、人口減少によって生じるコミュニティの脆弱化、縮小にともない人々の不安が嵩じるといった問題を低減させることができている。

　最近、新しい工業団地が市の南部につくられた。これは、ソビエトの軍施設を転用したものであり、ソビエト時代はここをタンクの演習場として使っていた。ここを州で最大の工場用地（名称：バルティック・インダストリアル・パーク）として整備しようとしており、すでに国際企業のネスレなどが立地している。雇用数は300人と少ないが、新たな雇用が創出されたことは大きい。この数年で40ほどの企業がここに進出している。

　加えて観光客も増えている。これは、連邦庭園博覧会の影響が強いと思われる。同博覧会によって、シュヴェリーンは広く知られるようになったからだ。

　図8・4に2004年から2013年までのシュヴェリーンの失業率の推移を示した。2004年には12％と高い失業率であったが、その後徐々に減少していき、2013年では8.9％にまで低下している。依然、高い数字ではあるが、状況は好転していると考えられる。

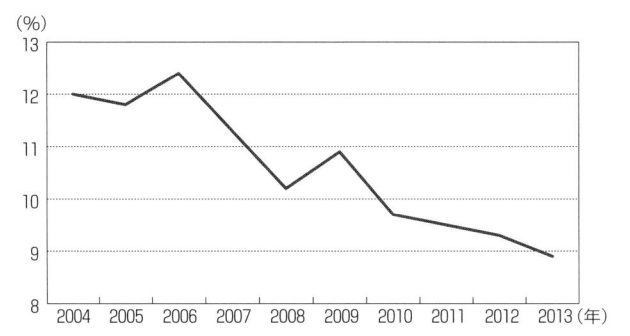

図8・4 失業率の推移 （出所：Landeshauptstadt Schwerin (2015) "ISEK Schwerin 2025"）

表8・2 2014年以降のシュヴェリーンにおける撤去予定戸数

年	撤去予定戸数
2014～2015	160
2016～2020	2050
2021～2025	760
2026～2030	300

（出所：Stadt Schwerin "Arbeitskreis Wohnungsmarktprognose" Berechnung F + B）

　ただし、都市全体で見ると、まだ楽観できない。今後もプラッテンバウ団地を撤去していく計画であり、2014年から2030年までに3270戸を撤去する予定である（表8・2）。これは、すでに撤去を止めたライネフェルデやライプツィヒのグリューノウ団地などとは大きな違いであり、まだまだ今後も縮小に対応していかなくてはいけない状態にあり、予断を許さない状況にあることを示唆している。

【※注】
1. 18世紀後半から19世紀前半まではルードヴィヒスルストが首都になるが、その後、またシュヴェリーンに移される。
2. たとえば、アイゼンヒュッテンシュタットは1988年～2012年で48％ほど人口が減ったが、シュヴェリーンは27％しか減っていない。
3. シュヴェリーン市役所のアンドレアス・ティーレ氏への取材による（2015.8）
4. 同上
5. 同上

第9章

ホイヤスヴェルダ
Hoyeswerda　　　　　　　　　　　　　〈人口 33,825 人（2014 年現在）〉

9・1　概要 ── 縮小が激しい社会主義の計画都市

　ホイヤスヴェルダは、ザクセン州の北東にある都市である。コットブスとドレスデンとゲーリッツを頂点とする三角形の重心あたりに位置する。オーバーラウジッツ地域における最大の都市であり、コットブスの南 35 km、ドレスデンの北東 55 km に位置する。

　ホイヤスヴェルダは、もともと小さな村であったが、1955 年以降東ドイツの工業化政策によって、褐炭の産出に基づいたエネルギー産業の中心として開発が進められた[1]。東ドイツ時代には市民のほとんどはエネルギー産業

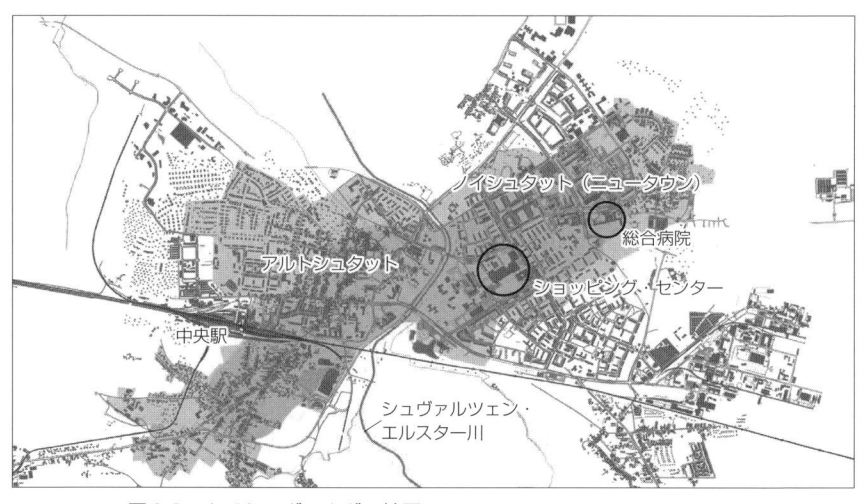

図 9・1　ホイヤスヴェルダの地図　（出所：ホイヤスヴェルダ市資料に筆者加筆）

かそれに関連した産業に従事しており、ドイツ再統一後、これらの産業が失われると急激に衰退が進んだ。

(1) 社会団地の建設

1955年にホイヤスヴェルダの数km先に、褐炭の精製所がつくられ、そこで働く人たちのために住宅をつくる必要が生じた。その需要に対応するために、シュヴァルツェン・エルスター川の東岸に1957年からプラッテンバウの住宅が計画的に建設され始めた。ホイヤスヴェルダのノイシュタット（ニュータウン）は第4章で紹介したアイゼンヒュッテンシュタットに次ぐ社会主義の計画都市として位置づけられた（図9・1）。

表9・1にホイヤスヴェルダの開発の流れを示す。ホイヤスヴェルダのプラッテンバウは、その開発時期によって大きく四つに分類される。最初は1955年から1959年でホイヤスヴェルダの既存市街地の周辺に2千戸ほどつくられた。1957年から1965年までは、シュヴァルツェン・エルスター川の東岸に、それぞれ1200戸クラスの巨大な団地が7棟ほどつくられた。1966年から1975年までは、北東の地区に以前よりずっと密度が高い（1haあたり300人）住棟が3棟ほどつくられた。戸数は6千に及んだ。1980年代の中頃にはノイシュタットの北東部において10棟、2千戸ほど建設された。急激な人口増加、そしてそれにともなう住宅需要に合わせるために、結果的に最後の開

写真9・1　撤去前のプラッテンバウ

表 9・1　ホイヤスヴェルダのノイシュタットの開発年表

年	具体的施策
1955〜1958	駅前地区に 350 戸のブロック住宅を建設
1956〜1957	ヴェストランド地区に 850 戸のブロック住宅を建設
1958〜1959	エルスターボーゲン地区に 350 戸のブロック住宅を建設
1957〜1964	住宅団地 1 地区に 1200 戸のプラッテンバウ住宅を建設
1957〜1963	住宅団地 2 地区に 1200 戸のプラッテンバウ住宅を建設
1959〜1961	住宅団地 3 地区に 1200 戸の P1 タイプのプラッテンバウ住宅を建設
1961〜1963	住宅団地 4 地区に P1 タイプを中心に 1400 戸のプラッテンバウ住宅を建設
1962〜1964	住宅団地 5 地区に新しいその名も「ホイヤスヴェルダ」タイプのプラッテンバウ住宅を 1290 戸建設。また、5 階建て、8 階建て、11 階建てのタイプ P2 を 1700 戸建設
1964〜1965	住宅団地 6 地区にプラッテンバウ住宅を 1200 戸建設
1964〜1965	住宅団地 7 地区に 1160 戸ほど建設。50 年代に計画されたノイシュタットはこの時点で完成する
1966〜1982	住宅団地 8 地区に「ホイヤスヴェルダ」タイプ、タイプ 2 などを 3400 戸ほど建設。これらはエレベーター抜きの 5 階建てで、これまでの 1 ha あたり 150 人から 300 人まで高密度化が進む
1973〜1975	住宅団地 9 地区に P2 を中心に 2700 戸ほど建設
1975	住宅団地 3 地区に 500 戸ほど建設
1976〜1984	住宅団地 6 地区に 200 戸ほど建設
1975〜1984	センターに 2100 戸ほど建設
1986〜1990	住宅団地第 10 地区に 5 階から 6 階建てのプラッテンバウを 2000 戸ほど建設
1997	減築の開始
1997〜1999	リペッツカー・プレースの高齢者住宅の改修
2001〜2002	アーバン・ヴィラの建設
2001	プラッテンバウ地区 8、9、10 における大規模な撤去事業の開始
2003	都市計画発展コンセプト（INSEK）の策定
2003〜2007	ラウジッツ・タワー（Lausitztowers）の改修
2003〜2009	社会基盤施設の大幅な刷新。既存の 16 km に及ぶガスの輸送管、10 km に及ぶ上水道、13 km に及ぶ下水道、9 km に及ぶ地域暖房管、そして 5 つの熱交換機ステーションを破棄した
2008	INSEK の改訂
2008	「ホイヤスヴェルダの新しいオープン・スペース(Neue Freiräume Hoyerswerda)」のコンセプトの策定
2008	オレンジ・ボックスにおける最初の展示
2008〜2009	彫刻公園の建設
2009〜2011	中央公園の建設
2013	INSEK の改訂

（出所：Städtbau - Förderung, http://www.staedtebaufoerderung.info/StBauF/DE/Programm/StadtumbauOst/Praxis/Massnahmen/Hoyerswerda/Hoyerswerda_node.html）

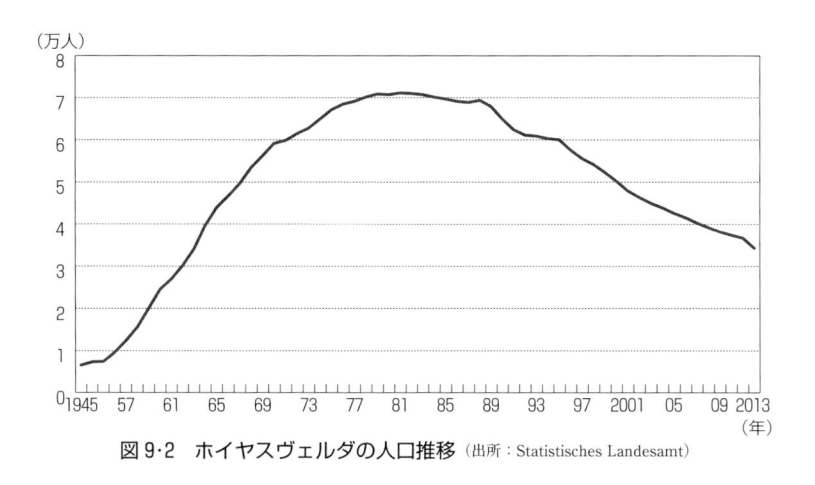

図 9・2 ホイヤスヴェルダの人口推移 (出所：Statistisches Landesamt)

発になるこの時期にプラッテンバウ団地の造成は急ピッチで進められた。しかし、ドイツ統一後、もっとも人口減少が激しかったのもこの時期に開発されたものであった。

(2) 人口動向

ホイヤスヴェルダは、第二次世界大戦直後の人口 6500 人から急速に拡大していき、その人口は最盛期には 7 万人を超えた（もっとも人口が多かったのは 1981 年の 7 万 1124 人）。しかし、2008 年には 4 万人を割り、2013 年には 3 万 4317 人と 1981 年に比べると 52 % も減少している（図 9・2）。

人口減少の主たる要因は社会減であるが、流出先の傾向は再統一直後とそれ以降では変化している。1990 年には、流出した人々のうちザクセン州外に移動した人は 86.3 % であったが、2000 年では 56.3 %、2007 年では 54 % となっている。旧西ドイツやベルリンなどではなく、周辺の地域へと移動している人が相対的に増えていることがうかがえる。

(3) 高齢化

図 9・3 にホイヤスヴェルダの 1991 年から 2014 年までの年齢別の人口割合の推移を示す。これより、1991 年には 24.6 % を占めていた 17 歳以下が、

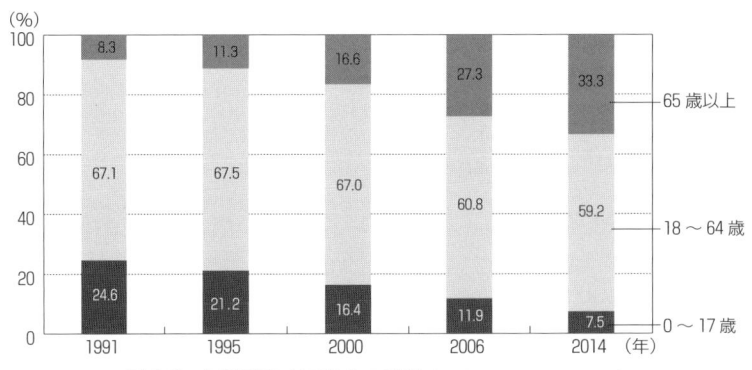

図9・3 年齢別の人口割合の推移 （出所：Stadt Hoyerswerda）

2014年には7.5％と大きくその割合を低下させたのに対して、65歳以上が1991年の8.3％から2014年の33.3％へと大きくその割合を増加させている。社会主義時代は、もっとも若い都市とも言われていたホイヤスヴェルダであるが、2014年にはドイツ全体よりも高齢化率が高い都市となっている（ドイツ全体では65歳以上の人口は21.1％）。

また、図9・4に2014年時点での5歳別人口を示す。これより45歳～65歳の人口割合が高く、今後さらに高齢化比率が増していくことが推測される。

図9・5は年齢別の男女比率を示したものである。これより、若い女性（20歳～40歳）の同年代の男性に対しての人口比率が少ないことが分かる。図9・4より、そもそもこの年齢層の人口が少ないことが分かるが、アイゼンヒュッテンシュタットなどの産業に特化した他の縮小都市と同様に、ホイヤスヴェルダにおいても若い女性が減少していることが理解できる。

1994年を1として地区ごとにその人口の増減率の推移を見た場合、ノイシュタット地区の人口減少率が総じて大きいことが分かるが、とくにノイシュタットの8地区～10地区の人口減少が非常に激しく、1994年から2014年までで8割ほど減っている（図9・6）。次いで減少率が大きかったのはノイシュタットの1～3地区（センター含む）で1994年から2014年までで50％以上減少している。4～7地区も同期間で45％減少している。ノイシュタット地区では1994年には4万7760人と同市人口の77％が住んでいたが、

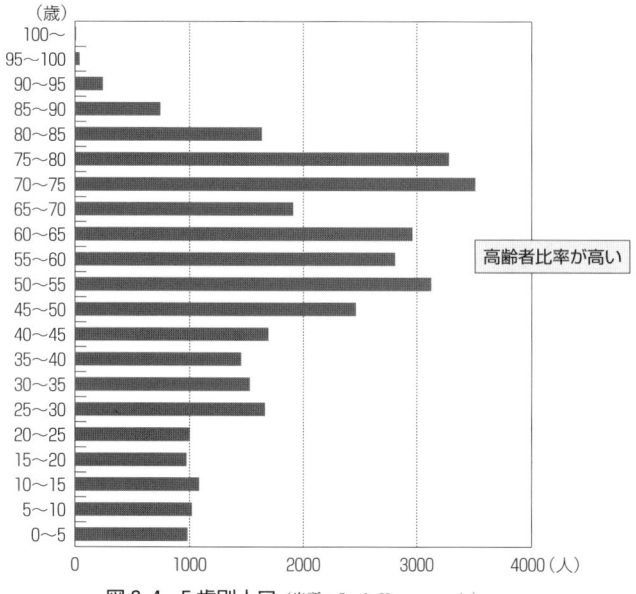

図9・4　5歳別人口　(出所：Stadt Hoyerswerda)

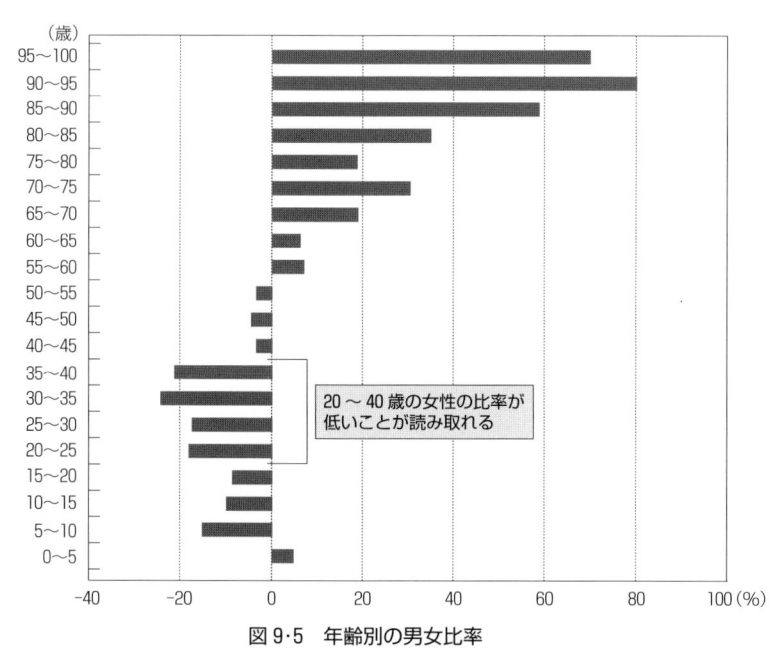

図9・5　年齢別の男女比率
女性人口を男性人口で割った数字から1を引いたもの　(出所：Stadt Hoyerswerda)

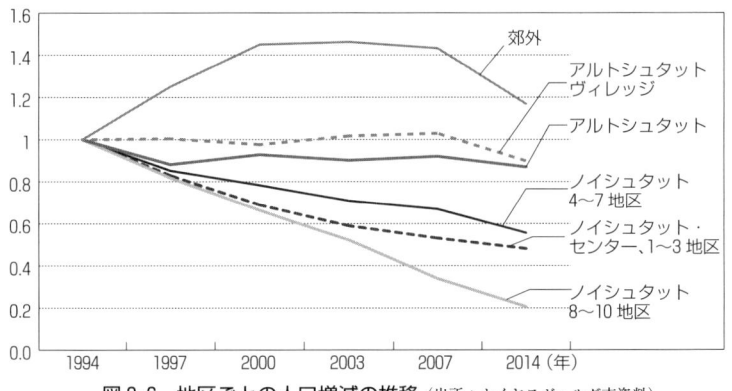

図9・6 地区ごとの人口増減の推移（出所：ホイヤスヴェルダ市資料）

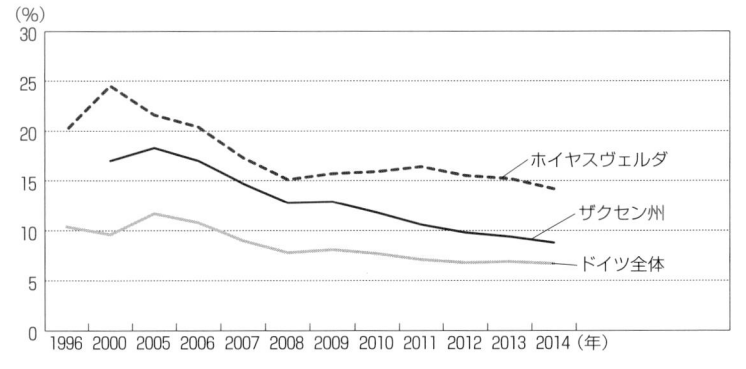

図9・7 失業率の推移（ホイヤスヴェルダ、ザクセン州、ドイツ全体）
（出所："*Bundesagentur für Arbeit*" Stadt Hoyerswerda）

2014年には1万9255人と60％も減少している。

　ホイヤスヴェルダでは1990年前半、市内の最大の雇用を誇ったエネルギー・センター（Schwarze Pumpe）において1万人以上の職が失われた。**図9・7**に1996年から2014年までの失業率の推移を示す。2000年には25％まで高まった失業率は、それ以降減少し始め、2007年以降は15％前後と安定して推移している。それでも、これらの数字はドイツ全体だけでなく、ザクセン州よりも高い。ザクセン州は2006年から失業率を大幅に減少させており、ホイヤスヴェルダと失業率の差が拡大している。

9・2 縮小政策 ── 周縁部を撤去し「核」を残す

　再統一直後は、縮小問題が顕在化していなかったこともあり、当初のホイヤスヴェルダの政策課題は、縮小への対応ではなく、東独時代の計画で不足していた住宅を建設することにあった。これは、統一時点では、まだノイシュタットの計画が完成していなかったからである。

　ホイヤスヴェルダの住宅のほとんどは旧東ドイツ時代にプレハブ工法により建設されたプラッテンバウであり、「プラッテンバウシティ」として知られていた。東ドイツ時代にはホイヤスヴェルダのプラッテンバウは州政府によって保有されていたが、統一により住宅公社へと移管された。

　統一直後は、住宅の改善は穏健な手段で進められた。1997年に実施された都市デザインの国際コンペティションに代表されるように、既存の住宅を温存しつつ新たなものを加えることでより質の高い住環境を実現するという手法が採られたのである[※2]。

　縮小が問題であるとホイヤスヴェルダ市が公式の報告書で言及したのは1999年の都市計画発展コンセプトにおいてだ。この時点では、まだ前述したシュタットウンバウ・オスト・プログラムをはじめとした連邦政府の縮小都市支援事業が存在しておらず、ホイヤスヴェルダの先見の明がうかがえる。ホイヤスヴェルダは、シュタットウンバウ・オスト・プログラムが開始される以前の2002年までにすでに1900戸の建物を撤去している。これは、連邦政府のプラッテンバウ団地を対象とする補助事業を主に用いて遂行した。

　その後、ホイヤスヴェルダ市では「都市計画発展コンセプト2003（INSEK I）」「都市計画発展コンセプト2008（INSEK II）」を策定し[※3]、シュタットウンバウ・オスト・プログラムで減築・撤去事業を進めていく。

　ホイヤスヴェルダがシュタットウンバウ・オスト・プログラムを導入した理由は次の4点である[※4]。

　①サステイナブル（持続可能）な都市構造の維持。
　②2025年の空き家率を都市全体で10％以下に抑える。

③シティ・センターの環境を改善させる。

④人口構造の変化に対してノイシュタットの住宅タイプも変容させる。

これらの目的を達成するために、ホイヤスヴェルダ市は前述した「都市計画発展コンセプト（INSEK）」において、都市の空間規模を「建物の撤去」によって縮小させることを指針として提示している。そして、都市の「核(Kern)」へと収斂させるように「撤去」は都市の周縁部から行うことを提言している。

「撤去」されてつくられた空き地は、連邦政府の方針に基づき、新しい開発は禁じられ、ランドスケープ的な対応しかできないようにされた。このランドスケープ的な対応は、場所の需要に応じて、森へと変移させるように放っておかれたり、公園として整備されたりした。

ホイヤスヴェルダの「核」はどこに該当するのだろうか。ホイヤスヴェルダの都市構造は基本的にシュヴァルツェン・エルスター川を隔ててアルトシュタットとノイシュタットとに二分されている。これら二つの地区の都市的性格も大きく異なる。そして、両方に二つのセンターが存在する。したがって、どこが「核」として位置づけるかは文章だけでは分かりにくい。

これに関しては、ホイヤスヴェルダの都市計画部のクルツォク氏は「アルトシュタットの中心〜ノイシュタットのセンター〜さらに総合病院を結ぶ軸」をコアとして捉えていると回答した。ただし、「ノイシュタットのセンターがいつまでも現在の商業機能を有しているかは分からないし、病院もい

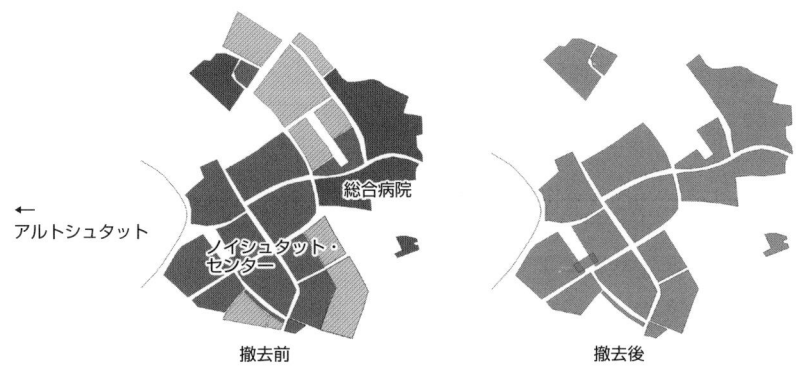

図9・8　ノイシュタットの撤去の考え方（斜線部分を撤去する）（出所：ホイヤスヴェルダ市資料）

■ 撤去された建物
□ 現存する建物

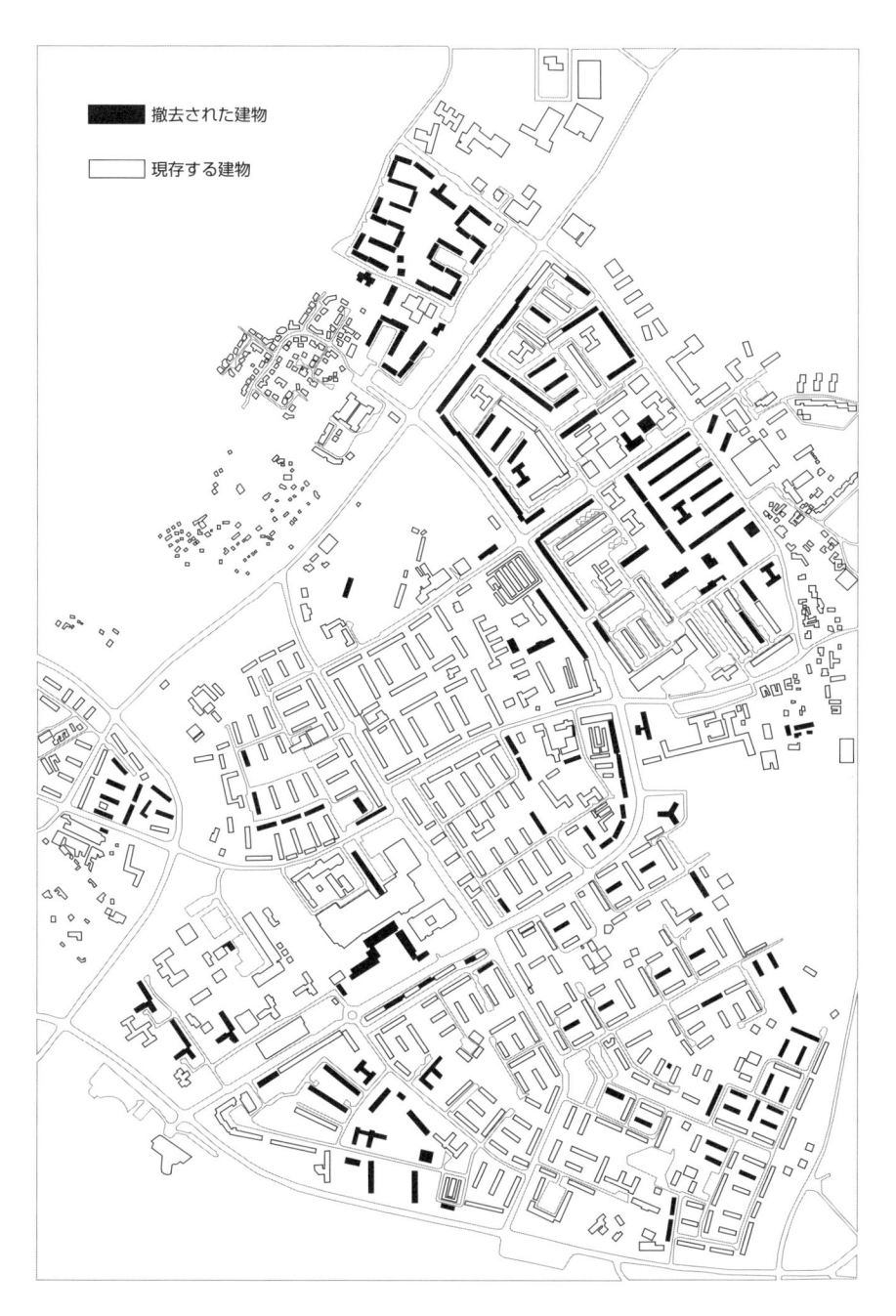

図9・9 実際に撤去（減築）された建物（2013年10月）（出所：ホイヤスヴェルダ市資料をもとに筆者作成）

表9·2 ホイヤスヴェルダの地区ごとの減築数および戸数 (2013)

	減築戸数	残存戸数
第1地区	150	1200
第2地区	251	1230
第3地区	304	1600
第4地区	299	1340
第5地区	559	3330
第6地区	188	1330
第7地区	443	1360
第8地区	1683	3420
第9地区	1796	2660
第10地区	1226	1600
ノイシュタット・センター	1392	—
アルトシュタット	485	—
その他	105	—

(出所：ホイヤスヴェルダ市資料)

つまでも存続できるという保証はない。軸として捉えていると、そのような場合でも、軸が短くなるだけでアルトシュタットの中心部がコアとして残るために、都市としては継続することができる」と付け加えていた。

図9·8にノイシュタットにおいて、そのマクロなレベルでの撤去の考え方を示し、図9·9に実際に撤去された建物と現存する建物とを示している。また、表9·2に実際に減築した建物数を地区ごとに示している。大きな考え方としては、第9地区と第10地区は2020年までは完全撤去をし、第8地区とノイシュタット・センターは多くの建物の撤去をして、第5地区～第7地区はすでにほぼ撤去し終わっているので、あと一部分だけ撤去をして、第3地区と第4地区は数棟だけ撤去をする方針である[※5]。

そして、周縁部を撤去すると同時に「核」の部分に立地する住宅を改修し、街路や広場を修繕した。さらに、緑地をランドスケープ・デザインし、ウォーターフロント沿いも修景した。また、小売りサービスも充実させるように誘導し、アルトシュタットに駐車場も整備した。そして、アルトシュタット

とノイシュタットのセンターの軸を強化するようにした。

9・3　成果 ─ 徹底した減築が再生の道を照らす

　ホイヤスヴェルダは八つの事例のなかでももっともトップダウンで縮小政策を展開してきた都市である。アイゼンヒュッテンシュタットと類似点が多いが、ほとんど更地につくられたアイゼンヒュッテンシュタットと違い、ホイヤスヴェルダはアルトシュタットという核が旧東ドイツ以前から存在した。そのため、どんなに縮小しても、この村の規模は維持できるという考えを人々は有している。無理矢理、無から都市のアイデンティティをつくらなくてはいけないという切迫感のようなものが、アルトシュタットが存在するホイヤスヴェルダには強く感じられない。そのような過度な過去へのノスタルジーを疑問視する研究者も存在する（たとえばN. Gribat[※6]）が、この点はアイゼンヒュッテンシュタットと比べた時のホイヤスヴェルダの強みであると考えられる。このアルトシュタットを精神的なコアとして捉えつつ、都市計画的なコアはアルトシュタットとノイシュタット・センターとを結ぶ軸として定める。柔軟で戦略的な都市計画であると考えられる。

写真9・2　旧東ドイツ以前から存在するアルトシュタットは、この都市の核として位置づけられている。

さて、そのような戦略を始めてから10年。どのような成果が得られたのであろうか。

まず、人口について言及する。1990年以降、前年比4％ほどの人口減少が続いていたが、2008年以降は2％前後と、減少のスピードが若干緩くなりつつある。ただ、人口減少の最大の要因であった雇用の不足はまだ解消されていない。さらに、それまでの人口減少はおもに社会減だったのが、最近では自然減が増え、その要因の7割を占めるまでになってしまっている。

図9·10にホイヤスヴェルダの建物戸数と空き家戸数を示しているが、2000年をピークとした建物戸数は、それ以降大幅に減ると同時に、空き家戸数も相当、減少していることが分かる。

図9·11には空き家率の推移を1995年から2013年まで見たが、1995年の6％から2000年には16％まで上がり、さらに2002年には18％まで上昇するが、それ以降は減少しており、2010年からは5％前後に落ち着いている。同じ図に年ごとの減築・撤去数を示している。プラッテンバウ団地の減築・撤去に関しては、相当、徹底して行ってきたことが、この図からも推察できる。

このように建物の減築・撤去が円滑に進んだ理由は、住宅公社が市営のものと住宅組合のものと二つしかなかったことが大きい。2015年時点で、住

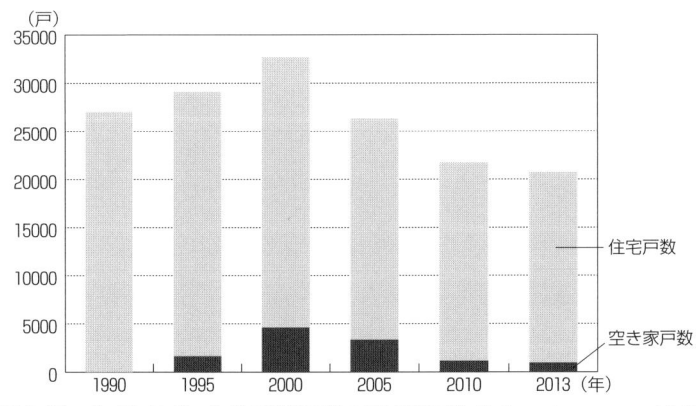

図9·10 ホイヤスヴェルダの建物戸数と空き家戸数 (出所：ホイヤスヴェルダ市資料)

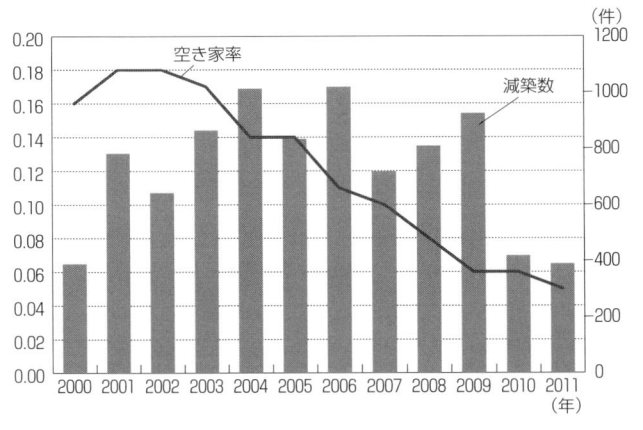

図9・11　減築数と空き家率の推移（出所：ホイヤスヴェルダ市資料）

宅組合所有の建物は空き家率が1％以下とほとんどない状況であり、2020年まではもう撤去はしないと発表している[※7]。一方で市営のものは、空き家率は5％ぐらいで推移しており、今後も減築・撤去は検討していく考えだ。

『ライネフェルデの奇跡』に次のような文章がある。

> 「ホイヤスヴェルダにも再生のビジョンがありました。まず、住宅地を改造して"ヨーロッパの町"をつくり、次に年金生活者のための"運河の町"とするビジョンでした。どちらも完全に失敗し、とてつもない被害を出してしまいました……」[※8]。

私のドイツ人の知人もホイヤスヴェルダには良いイメージを有していない。ネオナチによる暴力事件も起きているし、旧東ドイツの全体主義などを体現した都市として捉えられているようだ。そして、減築・撤去事業を遂行するうえで、住民参加的な試みを住宅公社も市役所もしていないと筆者の取材に回答した。きわめてトップダウンで縮小施策を遂行してきたのがホイヤスヴェルダなのである。

しかし、街並みがずいぶんと改修された中央駅から川沿いの広場までアルトシュタットを歩いていると、この町には同じ産業都市であるアイゼンヒュッテンシュタット市には欠けているアーバニティが感じられる。少なくとも、

写真9・3　アルトシュタットのビフォー・アフター。河川敷がしっかりと改修され、建物も新築・改装されている。
(提供：ホイヤスヴェルダ市)

2015年の再訪問時には、2007年に初めて訪れた時のような寂寥感や寒々しさは薄くなっている。徹底した減築・撤去政策によって空き家率は大幅に減った。失業率も減っている。人為的につくられた社会主義時代の栄華は二度と訪れないだろうが、小さな都市へとうまく収斂することによって、都市を維持することが可能なのではないだろうか。縮小する経緯は異なるが、「消滅」しないための都市運営という観点から、ホイヤスヴェルダは日本でも参考になる事例だと思われる。

【※注】
1. Nina Gribat（2010）*"Governing the future of a shrinking city－Hoyerswerda, East Germany"* p. 105
2. 同上、pp. 123〜125
3. Nina Gribat and Margo Huxley（2015）'Problem Spaces, Problem Subjects: Contesting Policies in a Shrinking City' in *"Planning and Conflict"* Routledge, p. 172
4. ホイヤスヴェルダ市役所のアネッテ・クルツォク氏への取材結果（2015.9）
5. ホイヤスヴェルダのスコラ市長の縮小政策の説明資料 'Demographischer Wandel auf kommunaler Ebene am Beispiel der Stadt Hoyerswerda'（2007）
6. Nina Gribat（2010）*"Governing the future of a shrinking city－Hoyerswerda, East Germany"*
7. ホイヤスヴェルダ市役所のアネッテ・クルツォク氏への取材結果（2015.9）
8. W. キール、澤田誠二・河村和久訳（2009）『ライネフェルデの奇跡』水曜社、p. 101

第10章

ライプツィヒ
Leipzig

〈人口 544,479 人（2014 年現在）〉

10・1　概要 ── 過大な期待とその後の失望

　ライプツィヒはザクセン州に位置する旧東ドイツ3番目の都市である。第二次世界大戦以前は、ライプツィヒは印刷・出版業においてドイツの中心であり、また商業都市でもあった。ヨハン・セバスティアン・バッハが音楽監督をしたトーマス教会があることや、メンデルスゾーン、ワーグナーなどともゆかりがある。また、18世紀頃からはヨーロッパの書籍取引の中心となり、現在でも毎年3月に開催される書籍見本市は同市の大きなイベントとなっている文化都市だ。さらにドイツで2番目に古く、ゲーテやニーチェ、そしてメルケル首相を輩出したライプツィヒ大学をはじめ、音楽学校、美術学校を擁する学園都市でもある。

　ドイツ再統一後、多くの人々がライプツィヒに期待を寄せた。その文化的伝統と商業的名声は、市場経済においてこそ、そのポテンシャルが最大限に発揮できると思われたのである。1990年代半ばには、どのドイツの都市よりも建設用クレーンが立っていたと指摘するものさえいる[1]。ライプツィヒはドイツ再統一後からの10年間で新しい高速道路がつくられ、新しい鉄道路線も整備され、新たに増床されたオフィス床面積は3万 m² にまで達した。

　しかし、ライプツィヒへの期待はすぐに失望へと変わる。1989年から1996年の間に、社会主義時代の工業の雇用が10万1095人から1万1047人と8割も消失したことで、市内にはみすぼらしい工場跡地や空きオフィスが目立つようになる（図10・1）。そして、人々もライプツィヒから流出し始める。

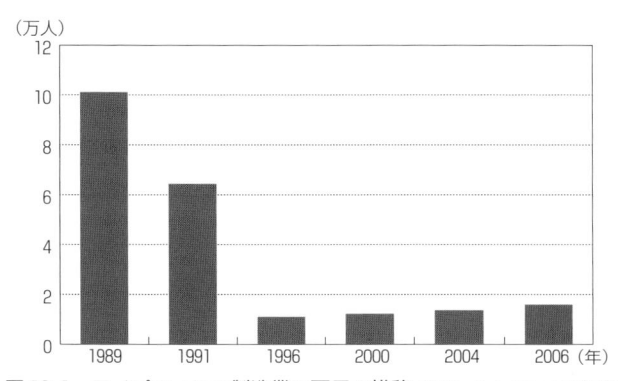

図 10・1　ライプツィヒの製造業の雇用の推移 (出所：ライプツィヒ市資料)

　ライプツィヒの人口は 1930 年には 72 万人を数えるが、それがピークであり、それ以降、緩やかなる減少の道を辿る。しかし、その減少スピードが急激に加速するのは、ドイツ再統一後以降であり、1988 年に 55 万であった人口は 1998 年には 43 万人になる。この減少人口数は旧東ドイツの都市では最大であった。

　前述した雇用の喪失により、人々が旧西ドイツに転出したことが大きいが、将来への不安による出生率の低下（合計特殊出生率は 0.77 まで低下）、そして郊外部への転出が人口流出に拍車を掛けた[※2]。ドイツ再統一後の 10 年間で、ライプツィヒの郊外へ流出した人は 5 万人を超えた[※3]。

　この人口減少にともなって、ライプツィヒにおいてはさまざまな課題が噴出する。顕著なものは、住宅そしてオフィスの空き家が増えたことである。1990 年におけるライプツィヒの建物の 60 % 以上が、1939 年以前につくられたものであった。これらの建物は、旧東ドイツ時代に投資がされずに劣悪な住環境のまま放置されたために、旧東ドイツ時代には慢性的な住宅不足であったにもかかわらず、1989 年にもすでに 2 万 5 千戸の空き家（空き家率 10 %）が存在した[※4]。このような状況に社会変革による人口減少が起きたために、2000 年には 6 万 9 千戸の住宅の空き家、オフィスでは総計約 80 万 m^2 の空きスペースが生じるまで増加した。空き家の増加は、さらに下水道などのインフラ維持費の効率性の悪化、住宅公社の経営状況の悪化、地域イメージの悪

化などの問題を生じさせる。加えて、財政の悪化が顕在化することが予測された。シナリオにもよるが、将来的には 2000 年に比べて 10 % から 30 % ほど歳入は減ると予測された。これによって、近い将来、公共投資の削減、公務員の数の減少を強いられることになると推測された[※5]。

10・2　縮小政策 ── 縮小という事実を認める

　このような人口減少にライプツィヒは、旧東ドイツの大都市のなかでは先陣を切って立ち向かうことになる。これが、ライプツィヒが縮小政策のパイオニアとなり、以後、多くの縮小自治体の参考とされるゆえんとなる。

　ライプツィヒがまず取ったアプローチは、当時はタブーであった縮小とい

写真 10・1　グリュンダーツァイト時代の建物

う事実を認め、今後も縮小のトレンドが続くことを前提に、現実的な対応を検討したことである。

　人口縮小に起因するさまざまな課題に対して、早急に何か手を打たなくてはならないという議論は1998年頃から活発化する。そして、採用した対策は大雑把に言えば「選択と集中」であった。住宅の供給過多を解消するために、需要のとくに少ない建物を撤去し、残した所は魅力を向上させるようにした。都市全体で言えば、駅の東地区のアイゼンバーン・シュトラッセのライプツィヒ・オスト（東）地区や都心から西にあるリンデナウ地区などにあるグリュンダーツァイトの時代につくられた古い建物は保全され、西端にある巨大なプラッテンバウ団地グリューノウにおいては、その周縁部にある建物が撤去されることになった。グリュンダーツァイトとは、19世紀後半においてドイツが産業革命を経た工業化によって、経済・産業構造が大きく変転した時代のことであり、ライプツィヒでも産業集積が起き、人口が激増、多くの住宅地がつくられた[※6]。

　そして、グリュンダーツァイト時代の建物に関しては、下記のような創造的なプログラムが実行された[※7]。

- 借家人による改修の動機づけ：傷んでいる住宅を改修するために、借家人に改修のための費用を補助するプログラム。
- 都心における住宅の供給：持ち主住宅のタウンハウスを都心において供給することで、都心部における人口を確保、増加させるプログラム。
- ガーディアン・ハウス：戦略的な地区において、ある期間、傷みが激しい住宅を無料で貸すプログラム。これは、「使用することで保全する」ことを意図しており、住宅を改善させるだけでなく、その周辺地区の環境も向上させることを企んでいる。
- 一時的な私有地の公共空間利用：ライプツィヒ市と地主が契約をし、一定期間、地主が所有する私有地を公共的な空間として活用するプログラム。地主は土地を更地にする義務を負うが、土地税を免除される。これは、その地区の生活環境を改善させ、場所の魅力を向上させる。

また、周辺自治体の郊外開発をコントロールし、郊外への人口流出を抑制するために周辺の自治体を1999年に合併した。ライプツィヒはこれによって、郊外部をも含めた長期的な都市計画発展コンセプト、そして土地利用計画（Fプラン）を策定できている。

　連邦政府の教育研究省が2001年に「都市2030」というプログラムを設立した。このプログラムは、町や都市が直面している問題について研究することに対して補助金を提供した。その補助金を得るために町や都市は、コンペに参加することになるのだが、ライプツィヒは見事にこの補助金を獲得することに成功する。

　そして、ライプツィヒは人口減少に対抗するための下記の課題に対する方策を、内外の専門家を招聘し、研究することにした。

　　①どのようにしてドーナッツ化現象を回避し、郊外への脱出を抑制するのか。
　　②どのようにしたら若者そして家族層に気に入ってもらえるのか。

　この研究では似たような問題を経験したことのあるバルセロナとマンチェスターを調査し、その結果、何もしなければ都心の人口はさらに2割以上減ることが予測された。そして、都心部にあるグリュンダーツァイト時代の建物のリハビリテーションを実施することを提案した。また都心部への自動車の流入を抑制し、駐車代を高くすることで、都心部の空間的魅力を増すことにした。さらに、子育てに優しい都市づくり（児童公園の充実、保育所の無料化など）を展開することにした。これらの都市づくりを展開していくうえで、ライプツィヒは住民参加の手法を採用することにしたが、これはライプツィヒ市民の気質に合ったようで非常にうまくいった[※8]。

　このような事業を展開するのに並行して、連邦政府のシュタットウンバウ・オスト・プログラムにも申請して、ライプツィヒ最大のプラッテンバウ団地であるグリューノウや、都心部のグリュンダーツァイトの建物を改修することに活用して、その生活環境を大きく改善させた。プラッテンバウ団地では2002年から2010年までの間に1万2千戸を撤去した。

10・3　成果 ── 内科的アプローチで都市を治癒

(1) 若者を惹きつける街

　ライプツィヒ市の取り組みは肯定的な成果が徐々に見られるようになる。減少を続けていたライプツィヒ市の人口は、21世紀を迎えた頃から増加し始める（図10・2）。都心部から郊外へ人口が流出することを政策的にコントロールするために、1999年にライプツィヒ市は周辺の自治体を合併する。これによって、同市の人口は5万人ほど統計的には増えるが、それ以降も人口は増加し続ける。2011年に人口は一時期減少するが、それ以降は再び増加し、2013年の人口は1990年のドイツ再統一時を上回っている。この人口増加は、おもに社会増による。とくに18歳〜30歳のサブカルチャーなどに関心のある若いクリエイティブ・クラスがライプツィヒに移住するようになっている[※9]。

　旧東ドイツ時代には投資をされず、ドイツ再統一後に急速に崩壊が進んだリンデナウ地区、さらにはライプツィヒ・オスト地区には「家守の家」などのプログラムによって、人々が移り住み、内側からあたかも病が回復しているように、みるみる強くなっていった。「家守の家（Wächterhaus）」とは、空き家をできるだけ減らすことで建物を保持・保存すべく、5年間という期限

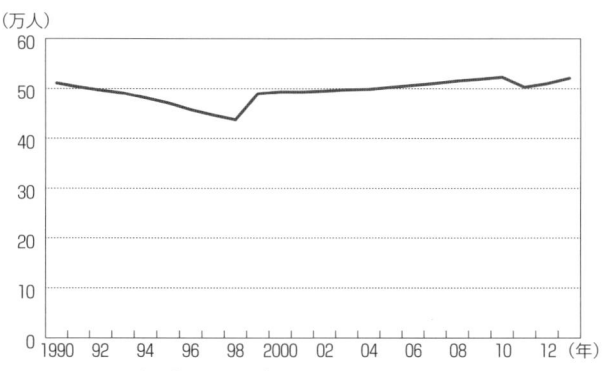

図10・2　ドイツ再統一後のライプツィヒの人口変化 （出所：ライプツィヒ市資料）

付きで破格の家賃で物件を貸し出すプログラムである。同様に、かつては見向きもされなかった古い劇場（シャウビューネ・リンデンフェルス）の保存活用や、閉鎖された工場のリノベーション（例：シュピネライ。第12章で後述）等が草の根的な動きによって積極的に行われるようになっている。それは、あたかも外科的なアプローチではなく、内科的なアプローチで都市を治療しているかのようだ。

　図10·3に2000年から2013年のライプツィヒの地区別の人口増減数を示している。また、口絵図8に2009年から2014年の100mグリッド別人口変化を示している。グリューノウのプラッテンバウ団地がある西部地区以外のすべての地区が人口を増しているが、そのなかでも都心部（中央部）の増加数が顕著である。90年代に多くの人口を喪失した地区が21世紀になって、多くの人口を再び呼び寄せているのである。都心を再生する試みが大きく実を結んだことが推察される。加えて、ライプツィヒ大学の入学志願者はここ数年間で2倍に増えている[※10]。失業率が2005年の21％から2012年は11％まで減少するなど、経済も徐々にではあるが活力を持ち直しつつあることも要因の一つであろう。

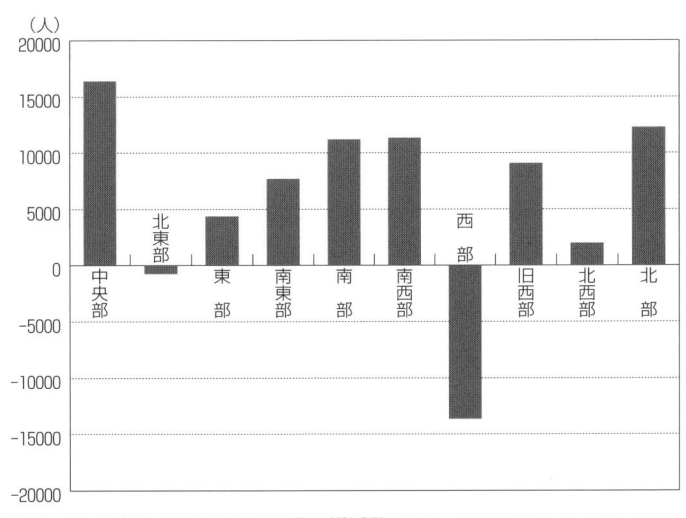

図10·3　ライプツィヒの地区別の人口増減数（2000～2013）（出所：ライプツィヒ市資料）

これは同じザクセン州にある州都ドレスデンとはきわめて対照的である。ドレスデンのほうが市民の平均年収は高く、人口あたりの犯罪数も少ない。しかし、若者はドレスデンではなくライプツィヒを目指している。これは旧東ドイツの若者だけでなく、EUの若者にも当てはまる。最近では、失業率の高いスペインから多くの若者がライプツィヒに来るようになっている。彼らは、職探しだけでなく、刺激的な都市生活を期待してライプツィヒにやってきている。

　これまでオルターナティブ・カルチャーのトレンド発信地であったベルリンにおいてジェントリフィケーションが進んでしまったため、若者はベルリン的なものをライプツィヒに求め始めている。安い家賃、そして若い才能の存在に惹きつけられて、何千人単位で人口流入が見られ始めている[※11]。ライプツィヒには統計指標では表しにくい「息をつくゆとり」があり、サブカルチャーの集積が進んでいる。そして、その雰囲気は芸術家や学生のみならず、新規起業家をも引きつけているのだ。このように2015年のライプツィヒは、10年前の将来が見えない状況からは一変し、ずいぶんと前向きな雰囲気を纏うようになってきている。

　筆者が2002年に訪れた時は、ライプツィヒ駅の東側はまだ相当、衰退していた。多くの建物は朽ちており、そのうらぶれた雰囲気は、この街に将来が果たしてあるのかとさえ思わせた。グリューノウのプラッテンバウ団地は、まだシュタットウンバウ・オスト・プログラムが開始される前で、11階建ての高層団地の窓の多くにベニヤ板が打ち付けられているという荒涼とした風景に、強烈な寂しさを覚えた。ライプツィヒの都心部にはパノラマ・タワーという名前どおりに市内を展望できる建物があるが、そこから見えるライプツィヒの郊外部には、操業しなくなった工場跡地が煤けたような残骸を晒していた。

　それが10年以上経つと、ライプツィヒ・オスト地区にあるアイゼンバーン通りは、定着した悪いイメージは必ずしも払拭されていないが、そこはお金のないクリエイティブ・クラスが住みつくような魅力的な都市地区へと変

写真10・2 ライプツィヒ・オスト地区でまちづくり案を発表し合う住民たち （提供：日本の家）

貌を遂げつつある。大学生はもちろんだが、それ以外の若者もここに住みつくようになっている。グリューノウのプラッテンバウ団地は2014年、ドイツ再統一以来減少し続けた人口が初めて増加へと転換した。そして、パノラマ・タワーから見る工場跡地は、もはや空き地ではなく他の用途に転換されたり、緑地などへと置き換わったりしている。

「家守の家」などに取り組んでいる活動家や市役所の職員が、現在もっとも気にしているのはジェントリフィケーションである。10年前までは、空き家率の高さ、朽ちた建物をどのように撤去していくか、不潔なオープン・スペースをどのように改善させるか、などが課題であった「ライプツィヒ・オスト地区」。そこが、外部からの投資で家賃が高騰し、住民が追い出されることを心配するようになるとは驚き以外の何物でもない。これは、ある意味では成果が出すぎてしまったことで逆に弊害が生じているとも捉えられるが、縮小政策としては大きな成果が得られたと評価できるのではないだろうか。

(2) 市民意識を高める都市政策

上記のようなミクロなボトムアップのアプローチだけでなく、トップダウンのアプローチでもライプツィヒは多くの成果を成し遂げている。

表10・1に再統一後の都市開発プロジェクトをまとめた。ライプツィヒは

表10-1 東西ドイツ再統一後のライプツィヒの都市開発プロジェクト

年	プロジェクト	影響
1996年	ライプツィヒ・メッセが新会場に	メッセ都市として復活
1997年	中央駅改装、プロムナーデン新設	街の玄関口の再整備
1999年	ポルシェ工場操業開始	2500人程度の雇用創出
2001年8月	BMW操業開始	3500人の雇用創出。将来的には5500人を予定
2003年5月	ビオ・シティ・ライプツィヒ	60以上の企業、36の研究機関、10の製薬関係の企業
2003年	シュテルツェンハウスの修復	
2004年	ファインアート美術館新築	
2005年夏〜	ライプツィヒ大学のリノベーション	
2005年	DHLハブ開設	3500人の雇用創出。将来的には7000人を予定
2006年	amazon配送センター開設	300人の雇用創出
2012年	オリンピック開催地として立候補（敗退）	
2013年12月	鉄道トンネル完成	・都市間鉄道の移動時間短縮 ・アルトマルクトへのアクセス改善

（出所：Stefan Heinig（2008）"Integrated Urban Development in Leipzig" と Jörg Plöger（2007）"Leipzig City Report" で言及されていたプロジェクトを筆者が抽出）

2002年にオリンピックの開催都市として立候補し、並行して世界的企業の誘致を図るなど地域経済の活性化に取り組んできた。前者は失敗するが、それでもライプツィヒはオリンピックに立候補できるだけの格のある都市であることを知らしめ、人々に自信をもたらすことに貢献した。後者に関してはポルシェ（1999年）、BMW（2001年）、DHL（2005年）、amazon（2006年）などを誘致することに成功する。さらに中央駅の大改装（1997年）、中央駅から都心部を通る地下ルートの新線の整備（2013年）などのインフラ開発もEUの補助金などを受けて進めている。

ルール大学のウタ・ホーン教授は、シュタットウンバウ・オストに取り組んだ事例のなかでもライプツィヒは非常にうまくいっていると評価しており、その要因は「政策がしっかりとしているからだ」と述べている。そして、その策定プロセスも市民参加を導入したことなどが成功した要因であり、これがBMWの誘致に繋がったと筆者の取材に回答している。そして、それは

キーパーソンが優秀であったことが大きいという。ドイツ統一後の最初の市長はハノーファーから来たし、都市計画課長はマンハイムから来た。つまり、ドイツ再統一後に、西側の都市計画に精通した人材を採用した。2人目の市長も非常に優秀な人材であり、その後、連邦政府の建設大臣になった。そして、ドイツ再統一後のこれまでの施策の取り組みが評価され、ライプツィヒは2012年にはドイツのサステイナブル賞を授賞する。

ライプツィヒの政策の特筆すべき所は、その市民の自治に対する意識の高さである。ライプツィヒは旧東ドイツ時代、強権的であったドイツ社会主義統一党ホーネッカー書記長等を辞任させ、ベルリンの壁の崩壊へと導いた月曜デモを行っていた都市である。旧東ドイツの都市であっても民主主義的な意識が強い市民たち。彼らの存在が「家守の家」やシュピネライなどのボトムアップの政策を成功させた最大の理由であり、また、その自治主義の「空気」が多くの人々をこの都市に引き寄せている要因ではないだろうか。

10年ほど前の2004年につくられた前述の「都市2030」（2001）の序文で、当時のヴォルフガング・ティーフェンゼー市長が次のように寄稿している。

> 「ライプツィヒは将来、多くの課題と直面しなくてはならない。最近、社会変革の激しさに起因する空き家や荒廃した地区が目立つようになっている。ライプツィヒが地域、国、国際的に優位性を持っていたとしても、このトレンドを変えるのには不十分である（後略）」。

ほんの10年ちょっと前、ライプツィヒの当時の市長でさえ、その将来を非常に厳しく展望していたのである。その事実を踏まえると、ライプツィヒの復活はまさに奇跡的であり、それは日本の都市を含めた他都市がおおいに学び、そして研究すべき事例であると考察される。

【※注】
1. Engelbert Lütke Daldrup（2004）'Leipzig – An Urban Project' in "*Plus Minus Leipzig 2030*"
2. Mattias Bernt et al.（2013）'How does Urban Shrinkage get onto the Agenda? Experiences from Leipzig, Liverpool, Genoa and Bytom' in "*International Journal of Urban and Regional Research*" John Wiley & Sons Ltd.
3. Engelbert Lütke Daldrup（2004）'Leipzig – An Urban Project' in "*Plus Minus Leipzig 2030*"
4. Alan Mace et al.（2004）'Shrinking to Grow?' in "*Institute of Community Studies*" Institute of Community Studies
5. Urlich Pfeiffer and Lucas Porsch（2004）'Szenarien Für Leipzig' in "*Plus Minus Leipzig : Stadt in Transformation*" Verlag Müller, Bussmann KG, p. 20
6. 都市の「間」ブログ　http://djh-leipzig.de/ja
7. Thosten Wiechmann, et al.（2014）'Making Places in Increasingly Empty Spaces' in "*Shrinking Cities International Perspectives and Policy Implications*" Routledge, p. 136
8. Jean Claude（2014）"*Strategies for Urban Deveopment in Leipzig, Germany*" pp. 20-21
9. Maximillian Popp（2012）'Calling All Hipsters: Leipzig is the New Berlin' in "*Spiegel on Line International*"
http://www.spiegel.de/international/zeitgeist/leipzig-is-the-new-berlin-a-863088.html
10. 同上
11. 同上

第11章

ルール地方
Ruhrgebiet　　　　　　　　　　　〈人口 4,663,743 人（2013 年現在）〉

11・1　概要 ― 衰退するかつてのドイツ経済の牽引車

　これまで旧東ドイツの縮小都市をみてきたが、人口が縮小しているのは旧東ドイツだけではない。旧西ドイツでも、その中核的な産業が衰退したことで人口が流出している地域がある。その代表格のノルトライン・ヴェストファーレン州に位置するルール地方を紹介したい。

(1) ルール地方の衰退

　ルール地方の定義は幾つかなされているが、一般的には 1920 年に結成されたルール炭鉱開拓域同盟の 53 の自治体を起源とし、現在ではルール地域連合（Regionalverband Ruhr）に含まれる自治体をルール地方として捉えている。この定義に従えば、ルール地方は約 4435 ㎢ に及び、約 520 万人を擁する。その人口規模はロンドン、パリに次ぎ、ドイツの最大都市であるベルリンを上回る。そのため、ルール地方を「ドイツ最大の都市」と形容する場合もある。11 の都市と四つの郡（county）から構成されており、ルール地方の名前は、同地方を流れるルール川に由来する（図 11・1）。

　1920 年にルール炭田地帯地域組合（SVR）が設立されたが、これは地域計画のための、自治体による計画連合として最初のものであり、ドイツが地方計画に一歩を踏み出したものと言える[※1]。

　ルール地方は 19 世紀の初頭までは農業地帯であった。当時は 5 千人以上の人口を擁した集落は、デュースブルク、ドルトムント、ムルハイムぐらい

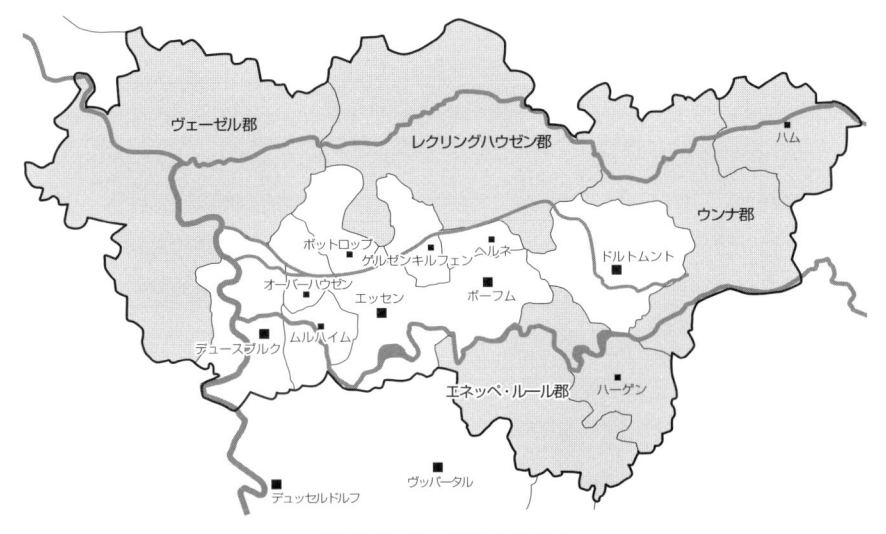

図 11・1　ルール地方の地図

しかなかった。エムシャー地域の北にあるゲルゼンキルフェンやヘルネは1千人の人口もない小さな農村であった。ところが、18世紀の終わり頃からオーバーハウゼン周辺の工場が鉄をつくり始め、産業革命が展開していくのとともに、ルール地方はドイツ屈指の重工業地域として、ドイツ経済を牽引していくことになる。

　ただし、1957年に欧州経済共同体、欧州原子力共同体が設立されると、ドイツでは石炭危機が起こった。これは、これらの共同体の石炭政策が、共同市場内におけるルール炭の低単価の維持、さらに、その強制配分計画を遂行することを強いたことに基づく。その結果、ルール炭は周辺諸国に低価格で輸出され、ドイツ国内では石炭不足の状態がつくりだされ、ドイツ市場に外国炭や石油が滲出したことがきっかけである[※2]。

　これによりルール地方は衰退を始め、1963年には閉山により1万人の労働者が職を失った。その後も、多くの炭鉱が閉山し、製鉄所が閉鎖されるなどして、1850年には300はあった炭坑は、2007年には六つしか営業していない状況になる。人口も1961年の567万人をピークにそれ以降、衰退の一途を辿っている。

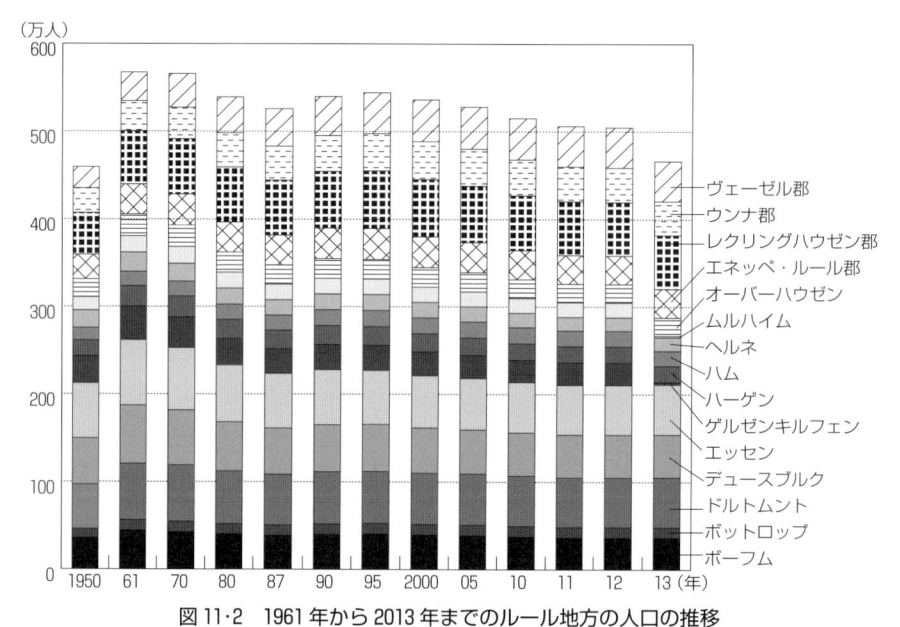

図11・2 1961年から2013年までのルール地方の人口の推移
(出所:http://www.citypopulation.de/php/germany-nordrheinwestfalen.php)

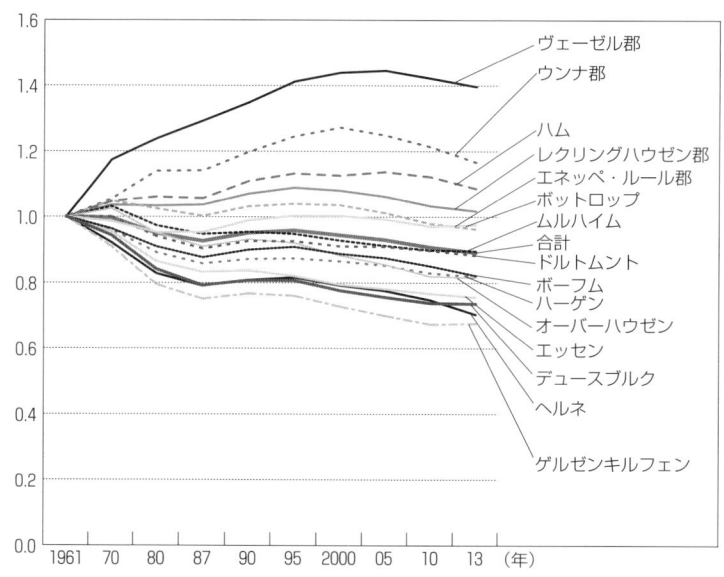

図11・3 ルール地方の11都市と四つの郡の人口推移（1960～2013年）（1961年を1とする）
(出所:http://www.citypopulation.de/php/germany-nordrheinwestfalen.php)

168

図11·2は、1961年から2013年までのルール地方の人口の推移を示している。この期間の旧西ドイツの人口の増加率は15.9％、ルール地方が位置するノルトライン・ヴェストファーレン州の増加率は12％。それに比してルール地方のそれはマイナス17.8％になっている。

図11·3は、ルール地方の都市と四つの郡の1960年から2013年の人口推移を見たものである。これよりゲルゼンキルフェン、ヘルネ、デュースブルク、エッセンなどがこの50年で3割近く人口を減少させていることが分かる。2005年までは郡において人口の増加が見られたが、2005年以降は地域全体で人口が減少傾向にあることがうかがえる。

産業構造の転換と、それにともなう人口減少によって、ルール地方はドイツ経済の牽引車という役割を失い、巨大な人口を擁しているにもかかわらず、縮小という問題に直面しているのである。

(2) IBA エムシャーパーク

前述したデッサウと同様に、ルール地方もIBAを開催した。デッサウのIBA ザクセン・アンハルトより早い1989年から10年間ほど実施し、それはIBA エムシャーパークと呼ばれた。その目標は、衰退する産業地域であるルール地方の再生を模索することとした。

IBA エムシャーパークはマスタープランという指針を持たず、代わりに設問を設定し、これらの設問に対する解答をプロジェクトごとにコンペによって募集し、それを選定して実践するという方法論を採用した。すなわち、その解答を模索するという過程を通じて、将来への道筋を見出そうとしたのである。この手法は、課題の処方箋としての即効性としては多くが期待できなくても、人々を課題に向き合わせ、その課題を診断、分析し、その課題の解決に取り組ませる方向に協働させるという点においては、絶大なる効果をもたらした。このような多様なプレイヤーを協働させるという新たなIBAの可能性を提示したという点でエムシャーパークはエポック・メーキング的なアプローチとして評価されている[※3]。

11・2 縮小政策 ── 新しいイメージの創出

　ルール地方の縮小の根本的な対応は、IBA エムシャーパークが始まりであろう。そして、その目標は「ヨーロッパ最大の工業地域をいかに産業転換させていくか」ということにあった。そこで、考えられたアプローチは大きく二つに分けられる。一つは新エネルギー産業など新しい産業への転換、もう一つは工業の産業遺産を文化的なものへと変容させ、経済活動は行われなくても、しっかりとルール地方のアイデンティティを次代に継承させることで、新しい魅力を喚起するようなイメージを創出することであった。

　新しい産業への転換は、ゲルゼンキルフェンのサイエンス・パークの設立、ドルトムントのフェニックス・プロジェクトにおけるマイクロ・ナノテクノロジー・センターの開発、エッセンの医療産業への積極的な投資、などにおいて見られる。ここでは、アイデンティティの維持による新しい魅力を創出した事例を二つ紹介する。なぜなら、縮小都市においてアイデンティティの喪失は、まさに持続可能性と関係する深刻な課題であり、さらに付け加えるとルール地方の試みは、それに対して優れた示唆を与えてくれるからである。

(1) **エッセン・ツォルフェライン**

　ルール地方の中核都市の一つであるエッセン市の北部に 18 世紀に開発さ

写真 11・1　ゲルゼンキルフェンのサイエンス・パーク

れたツォルフェライン炭鉱は、19世紀末時点ではドイツ最大の炭鉱であり、最盛期には5千人もが働いていた。また、その後、20世紀前半に建設されることになるバウハウス様式の建築物である「換気坑12」は、石炭採掘の「合理化の傑作」「世界でもっとも美しい炭鉱」として高く評価され、ルール地方の石炭採掘の象徴として広く知られるところとなった。しかし、1986年には石炭採掘が中止され、その数年後にはコークス製造工場も閉鎖された。

その閉鎖直後、ノルトライン・ヴェストファーレン州政府がこの土地を購入し、「換気坑12」を歴史建築物として指定した。その結果、この建築物は保全することが義務化された。

それ以外のコークス坑などは、中国の製鉄所に売られる話もあったが、それらも含めて保全する方針がその後、策定される。これは、1988年からIBAエムシャーパークの10年事業がルール地方で実施されることになり、1991年からIBAの一プロジェクトとしてツォルフェライン炭鉱敷地の活性化プログラムの検討がされたためである。

その結果、炭鉱敷地のさまざまな跡地利用のアイデアが提案され、具体化した。ちょっとした広場となれるような空間は、コンサートや劇場ホールとして活用され、また観覧車やプールやアイススケート・リンクなどもつくられることになった。150mの長大なるアイススケート・リンクはコークスを1千度まで熱する竈として使われていた所であり、冬期には多くの人がスケ

写真11・2 歴史建築物に指定された「換気坑12」

ートをここで楽しむようになった。

　このような試みは、2001年末にツォルフェライン炭鉱と隣接するツォルフェライン・コークス製造工場敷地合わせて約100 haがユネスコ世界文化遺産のリストに加えられるという成果へと繋がる。

　さらに、2002年にオランダの建築家であるレム・コールハースは、旧炭鉱エリアの今後の発展の基礎となる、経済と文化の発展のためのコンセプトを提案した。これに従って、2006年には観光案内所が歴史的な旧炭鉱施設内に設けられた。

　ツォルフェラインの世界遺産認定は、ルール地方に数多くある産業遺産が文化資源として人々に認知される一つの契機になった。そして、このようなイメージを更新する地域戦略が功を奏し、2010年にはエッセン市は欧州文化首都に指名された。ツォルフェライン炭鉱の年間観光客数は年々増加傾向にあり、IBAエムシャーパークが終わった1990年には24万人にすぎなかったが、2009年には100万人、さらにエッセン市が欧州文化首都に指名された2010年には221万人の観光客がここを訪れた。また、ツォルフェラインは観光産業だけでなく雇用の創出にも寄与している。現在旧炭鉱エリアは100を超える企業と、石炭採掘最盛期の5分の1にあたる1千人を超える従業員数をかかえるまでに成長している。

(2) デュースブルクのランドシャフツ・パーク

　デュースブルクの北部地区にあるランドシャフツ・パークはティッセン社の製鉄所跡地を公園として再生した事例である。1985年に操業を停止した後、放置されていた製鉄所をデュースブルク市はIBAのプロジェクトとして位置づけ、その再生計画のコンセプト案をコンペにかけた。

　1990年、このコンペで選ばれたのは、ドイツ人のランドスケープ・アーキテクトであるピーター・ラッツの案であった。ラッツは230 haという巨大な敷地を計画するにあたって、製鉄所の主要なる建造物を保存することにし、それを「地」としてポストモダンなランドスケープ・デザインを施した

公園を整備した。溶鉱炉などの巨大なる産業遺産の周辺を埋めるかのように、植栽が施された。そこでは、産業のために用いられた施設が、レクリエーションのために使われるという新たな役割を担うことになる。

　1994年にこの公園は開園し、97年には溶鉱炉も開放され、99年にはビジター・センターが開業する。この公園をデザインするうえで重視された点は、訪れた人が環境と対話するということである。燃料庫は庭園に、ガスタンクはスキューバ・ダイビング用のプールに、コンクリートでつくられた巨大な壁はロック・クライミングの練習場に、そして製鉄所は劇場へと転用された。このような産業施設をレクリエーションのための用途へとラッツが転用したのは、ここで働いていた人が孫をここに連れてきたときに、自分が何をしていたのか、これらの産業施設はどのような働きをしていたのかを説明できるようにしたかったためである。すなわち公園を設計するうえで、ラッツが意識したのは、この場所の記憶を消し去るのではなく、たとえ用途が変わろうとも、それを次代へと引き継ぐことであった。

　重工業の産業遺産を活かして公園として再生するというこのランドシャフツ・パークのコンセプトは、当時はきわめて斬新であり、その後のIBAエムシャーパークの他のプロジェクトに多大なる影響を及ぼしただけでなく、世界的に類似の課題を抱えている産業都市の再生の新しい方向性を呈示した。

写真11・3　ランドシャフツ・パーク

デュースブルクは疲弊するルール地方のなかでも、産業構造の転換によるダメージを大きく受けた都市である。都市人口も縮小しており、都市には活力が乏しい。そのために、新しい都市としてのアイデンティティを確保していくことが求められている。ただし、それは過去と決別するわけではない。あくまでも未来は過去の延長線上にある。たとえ不要となったとしても、その都市の過去の栄光は、都市の記憶であり、現在の都市が存在している理由である。それは、夕張市のように世界遺産級の産業遺産を抱えていたにもかかわらず、拙速で短絡的なビジョン、そのアイデンティティを無視したかのような開発をしたことで、将来への道筋を暗転させてしまったこととは真逆のアプローチである。

　産業構造の転換、それにともなう人口縮小という現実は厳しい。その状況を転回させるような起死回生の施策はない。しっかりと都市・地方の資源を最大限に活用していく方策を検討することが結果的には近道である。ランドシャフツ・パークは都心から離れているが、年間70万人の集客を誇る。

　また、このような大規模事業がうまくいった要因の一つとして、ノルトライン・ヴェストファーレン州が未利用となった土地を自治体が使えるために、購入する基金を設けたことがあげられる。ノルトライン・ヴェストファーレン州開発協会（Landesentweicklungsgesellschaft）は、1980年以降、4億4千万ユーロを土地購入に用いたが、これらの基金によって購入された土地を活用した代表事例が、このランドシャフツ・パークである。

11・3　成果 ― 新しいアイデンティティの創造

　IBAエムシャーパークは10年間で131のプロジェクトを展開した。それらは19の自治体に跨がっているが、多くがルール地方の中でも問題のある北部に集中した。IBAエムシャーパーク20周年という区切りの2008年に、その事業の総括がドルトムント工科大学空間計画学部によって行われ、2008年末に『IBAエムシャーパーク－その10年後』という本が出版された。

同書の編集者の一人であるフランク・ルースト博士は、次のようにIBAエムシャーパークを評価している。

　「ドイツ国外では、IBAエムシャーパークは1990年代に展開した壮大なる計画事業として主に知られているが、その実態をじっくりと観察すると、IBAは、工業地域として長い歴史を有するルール地方を大胆に再生するきっかけを提供したことが理解できる。IBAエムシャーパークは10年間という期間が定められたものであったが、IBAで立ち上がった事業をさらに継続しているものもあれば、明らかにIBAの影響を受けて新たに展開している事業も数多くある。IBAをきっかけにして、ルール地方の計画は市域を越えた広域的なものが展開するようになった。このような自治体のエゴを抑えた広域計画が考えられるようになったのは、IBAの精神が引き継がれているからである」[※4]。

(1) IBAエムシャーパークの精神の継承－フェニックス・プロジェクト

　エムシャーパークの事業はIBAが終了した1998年以降も継続して、発展していった。それらは地域が歩んできた歴史のベクトルを転回させ、新たな将来像をつくりあげるための土台になろうとしている。このようなIBAの精神が引き継がれたものの象徴的なプロジェクトが、ルール地方の東に位置するドルトムントのフェニックスと呼ばれる再生プロジェクトであった。

　このフェニックス・プロジェクトの位置するドルトムントの人口は58万人（2009年）。人口のピークは1965年の65万7千人で、それ以降、じりじりと人口は減少している。そして、ルール地方の他の地域と同様に、これまで炭鉱業、そして鉄鋼業といった重工業に依存してきたため、産業構造の転換への対応という課題を共有している。

　ドルトムントの南部にあるヒューデ地区。この地区は160年間、工業用地として利用されていたのだが、2001年に製鉄所が閉鎖されたのを機に、その再開発が検討された。西側にあるフェニックス・ヴェストは110 haの規模で、ナノテクノロジーに特化したサイエンス・パークを整備中であり、東

側にあるフェニックス・オストは99 haの規模を誇り、その中心に24 haの人造湖を整備し、周縁部にミックス・ユースの生活空間を整備するというプロジェクトである。

フェニックス・ヴェストの中核施設はMST（Mikrosystemtechnik：ミクロシステムテクニック）と呼ばれるインキュベーター・センターである。起業したばかりの企業は、ここでさまざまな支援サービスを受けることができる。このMSTは4階建ての6400 ㎡の床面積を有し、業務スペースだけでなく、実験所、クリーン・スペースなども備えている。MSTは入居企業のマーケティングまで支援しており、3〜7年でここを卒業し、フェニックス・ヴェスト内に事務所を構えてもらうことを期待している。MSTはドルトムント市が100％出資している企業である。他のインキュベーター・センターとの違いは、ナノテクノロジーの企業に特化して入居を認めていることだ。産業構造の大転換によって、これまでドルトムント、そしてルール地方の経済を支えてきた重工業が衰退、消失していくなか、ここに新たな産業を創造していくという強い決意が示されている。そのために、入居者の条件の敷居をあえて高くしている。すでにイギリス、フィンランド、ロシア、ノルウェーの企業がここに入居している。

フェニックス・ヴェストが新しい産業を創造するという使命を帯びているとすれば、フェニックス・オストは、ドルトムントというブルーカラーのイメージが強い状況を変えられるような、洗練されたライフスタイルが展開するような都市空間の創造を意図している。

フェニックス・オストは土壌汚染が深刻な製鉄所跡地であったこともあり、周辺を流れるエムシャー川の水を引き込み、湖にすることにした。この湖はフェニックス湖（フェニックス・ゼー）と命名された。この人造湖に面してマリーナ、オフィス、そして1千戸前後の住宅が整備された。住宅のタイプも集合住宅からテラスハウス、戸建て住宅とさまざまなものが建設されている。レストランやカフェも立地し始め、ホテルの計画もあるようだ。これらに加えて、公共サービスや小売店などの商業施設も立地しつつある。湖の南と西

側には 3.2 km に及ぶ歩道とサイクリング道路がつくられ、北と東側はより環境共生型の自然環境が創出されている。

エムシャー川をダムでせき止め、人造湖をつくる計画は 2005 年 6 月に正式に決定された。川を堰き止めたのは 2010 年 10 月 1 日である。2011 年 5 月には、敷地を覆っていた塀が取り払われ、湖にボートが出せるようになったのは 2012 年 4 月である。巨大な工場跡地は、ドルトムントの人々の生活空間へと変容したのである。

筆者は 2008 年にここを訪れ、工事現場の近くにある見晴台兼情報センターから視察した。その時は、まだ製鉄所で使われていた巨大な倉庫などが残っており、あたかも巨人が遊ぶ砂場のような光景であった。しかし、2014 年再訪した同じ場所からは、すでに水を十分に湛えた湖、その湖畔につくられた住宅群や店舗、そして湖畔沿いに整備された歩道、自転車道が展望できた（口絵写真10）。その優れたアメニティの住宅地が 15 年前には製鉄所が操業されていた土地であったとは夢を見ているかのようである。

ドルトムントの住宅需要は少なく、開発圧力も低かった。開発しても売れるかどうか分からないし、土地浄化にコストがかかる、という二つの課題をクリアしてしまうアイデアが、汚染されていた土地を湖にして土壌浄化のコストを低減させ、また残った住宅地の価値を向上させるという人造湖の創造に結びついたのである。

(2) 新たな地域イメージの創造

IBA エムシャーパークの大きな成果の一つとして、これをきっかけとして、それまで統一性がなかったルール地方が一つの地域としてのイメージを形成することに成功したことがあげられる。ルール地方は 550 万人を要する大都市圏ではあるが、それは 53 の市町村にまたがっており、お互いが協働することを避けていたために、広域行政はないに等しいような状態であった。しかし、IBA エムシャーパークによって一つの地域として意識されるようになり、汚染された工業地域というルール地方のイメージは、産業遺産を活用

した斬新なプロジェクトを展開する先端的で創造性溢れる地域といったイメージへと変容した。その象徴が、前述した世界文化遺産に指定されたツォルフェライン炭鉱であった。

　筆者は2010年にドルトムント工科大学の学生たち61名を対象にルール地方のイメージ調査をしたことがある。彼らに「ルール地方を表現するのに適当な形容詞」を尋ね、その回答数が多いものを大きな字で表現して地図にしたものが口絵図9である。これより、工業的（Industriell）といった従来からのイメージを表す形容詞以外に、文化的（Kulturell）、多様な（vielfaltig）、多文化（Multikulturell）、緑（Grün）といった新しいルール像を表す言葉も多く回答された。一昔前では考えられないことであり、大きくルールのイメージが変容していることが推察できる。

　ルール地方の地域イメージの変化を象徴したのは、前述したエッセン市の2010年欧州文化首都への選定であろう。欧州文化首都は、欧州連合がその加盟国の都市を選定し、1年間欧州文化首都という名誉称号を与えるもので、1985年から開始されてきた。ルール地方の都市が「文化都市」と捉えられることは、IBAエムシャーパーク以前では想像するのもむずかしいことであり、地域イメージが徐々に変化してきていることを如実に示している。

(3) レギオナーレ・プログラム

　さらに、ノルトライン・ヴェストファーレン州政府は、IBAエムシャーパークのレガシー（伝統）を他地域にも展開させていくために、レギオナーレ（Regionale）というプログラムも展開させた。これは、3年に一度（2010年以前は2年に一度）の頻度で開催されているもので、「IBAエムシャーパークと同様に、プロジェクト認定型の時限的プログラムであり、マネジメント会社による既存の枠組みにとらわれない創造の場」[※5]である。たとえば、2013年では「分散型農村地域」というテーマで、南ヴェストファーレン地域をいかに地域内外に売り出していくかというプロジェクトを展開した。

　イギリスの都市計画研究の大家であるピーター・ホール卿は、IBAエム

シャーパークを「驚くほど想像豊かな傑出した建築的解決法であり、その地域に新しい「命」を注入しようとした試みである。(中略) そして、それは間違いなく新しい地域イメージを与えることに成功した」[※6]と述べている。

(4) 先見性と現実主義

　以上のように素晴らしい成果をもたらしていると評価されるIBAエムシャーパークであるが、ルール地方の人口は依然として減少している。人口の定着といった観点から、この事業を評価すればマイナスとなってしまうであろう。しかし、IBAエムシャーパークがなければルール地方はより多くの人口が流出し、現状より悲惨な状況になっていたと言われている。ルール地方はたいへんな状況にある。しかし、IBAエムシャーパークを実践したために、そのダメージは最小限に抑えられている。

　IBAエムシャーパークの特筆すべき所は、『IBAエムシャーパーク－その10年後』の編著者の一人であり、ドルトムント工科大学教授のクリスタ・ライヒャー氏が指摘するように、同事業のプロジェクトには失敗がないということだ[※7]。もちろん、問題を指摘することはできる。たとえば、ゲルゼンキルフェンのサイエンス・パークは新エネルギーの企業誘致を図るために仕掛けたが、その斬新な意匠などから施設の運営維持費が高く、それらをカバーするだけの家賃を請求できるような状況にはない。そのため市役所がその不足分を補塡している。この点を指摘し、この事業が失敗であったというのは簡単ではあるが、この施設がもたらした炭鉱都市ゲルゼンキルフェンというイメージの払拭、新しい産業を創造する種蒔きとしての可能性、市民に与えた将来への希望などを勘案すれば、失敗の烙印を安易には押せない。

　IBAエムシャーパークのプロジェクトの成功要因はどのように分析できるのであろうか。それはボトムアップ、協働、環境への視点、そして成長という考えとの訣別、といったことが要因としてあげられる。

　ボトムアップという点はマスタープランをつくらず住民参加を積極的に促したこと、そして、その結果、人々の関心を高め、プロジェクトを広く支援

する層を広げたことに繋がった。協働とは行政と住民ということもあるが、何よりライバルであった自治体間の連携を、IBA エムシャーパークを通じて図れたことが、この事業だけでなく、その後のルール地方のアイデンティティを定義づけるうえできわめて重要な役割を果たした。環境への視点とは、都市が縮小していく地方において、非都市をデザインするという新たな視点を導入したことでルール地方の再生を計画論で展開することに成功したことである。これは、最後の「成長という考えとの訣別」にも通じるが、1988年という時点で「成長しない持続的開発」という将来ビジョンを掲げたその先見性と現実主義は、IBA エムシャーパークの成功をもたらした大きな要因であったと考えられる。

日本がまさにバブルに突入するような時代において、ルール地方は、これ以上は成長しないと見切ったその先見性。成長という幻影に踊らされず、冷静に状況を分析した透徹力。これこそが世界に誇るドイツの都市・地域計画の卓越した所であろう。事業が完了してから 10 年以上経つが、我が国の多くが当時のルール地方のように縮小時代に突入するという状況下、IBA エムシャーパークを経験したルール地方から学ぶことは決して少なくない。

【※注】
1. 日笠端・日端康雄（1998）『都市計画』共立出版、p. 49
2. 佐々木建（1968）「西ドイツにおける「石炭危機」の開始とその契機」『経済論叢』第 102 巻、第 6 号、京都大学経済学会
3. 服部圭郎（2010）「IBA の伝統と現在」『approach』2010 年秋号
4. 服部圭郎、フランク・ルースト等（2009）「IBA エムシャーパーク再訪：10 年後の奇跡と成果」『BIO City』No. 43
5. 太田尚考（2015）「ドイツの地方都市における縮退・都市再生の取り組み」『IBS Annual Report 研究活動報告 2015』
6. Peter Hall（2002）"*RheinRuhr City*" p. 61
7. 服部圭郎、フランク・ルースト等（2009）「IBA エムシャーパーク再訪：10 年後の奇跡と成果」『BIO City』No. 43

ケドリンブルクの街並み

第Ⅲ部
縮小都市の課題と展望

■

　第Ⅲ部では、ドイツの縮小都市が抱えるマイナスの影響を「社会環境」そして「人」という二つの観点から整理していく。また、それらのマイナスの影響をドイツの都市がどのように緩和させようと取り組んできたのかも紹介する。最後に、これまでの事例から得られた知見、そして課題への取り組みの分析などを踏まえて、ドイツと同様に縮小問題を抱える日本の都市が未来をデザインするうえで、ドイツから何を学べるか、学ぶべきかを整理した。

第12章
縮小都市が社会環境に及ぼす影響

12・1　都市構造の再編

　近代都市計画は成長を前提として考えられてきた。それは「一貫して、恐ろしい勢いで膨張し続ける非人間的な存在としての工業大都市をいかにして合理的なコントロールのもとに置くか、という課題を追求し続けた」[※1]のである。

　すなわち、都市人口の増加にともない生じる負の外部効果をいかに抑制し、コントロールしていくか、ということが近代都市計画の目標であった。そして、そのために、土地利用を用途・形態などの点で強力に規制していく地域性（ドイツ）・ゾーニング制度（アメリカ）、また開発の規制の制度化（イギリス）などが発展したのである[※2]。

　その背景にあるのは、「政府は都市化にともなって生じたあらゆる社会問題を、都市計画のコントロールのもとにおくことが必要であり、かつ可能である」[※3]という発想である。そして、その考えの前提には、都市は拡大成長していくということがあった。都市が縮小するということはまったく念頭に考えられていなかった。

　都市化による土地利用の密集化、そして、それにともなう利害の対立、公衆衛生上の問題の発生。これらの問題は、都市が非都市化していく過程では発生しない。縮小現象は、都市計画という制度、理念が前提としていた条件を大きく覆すのである。

　ドイツをはじめとした欧米近代都市計画の重要な原理は「計画なくして開

発（または建築）なし」であると言われる[※4]。しかし、開発という現状より価値を高め、経済的にプラスが生じるという前進的な動きに対して規制をかけることで修正を図ることはできても、縮小という現状より価値を下げるような、経済的にマイナスな後退的な動きに対して規制をかけることはきわめてむずかしいか、より多くの不利益をもたらすことになる。縮退することで損失を防ごうとしている行動を規制することは、損失を強要することになるからだ。これは、成長することで利益を得ようという行動を規制することとは異なる。

さて、それでは人口縮小下では都市計画を実施する必要がないのかというと、むしろ逆で、より重要性が高まることがドイツの縮小都市の事例からは浮き彫りになった。とくに、場所を選ばず人口密度が低下するような縮小が進展している場合は、下記のような弊害が生じる。

①その地区の移動エネルギーの効率を悪化させる。
②社会インフラの維持管理費を割高なものにする。
③学校等の公共サービスを割高なものにする。
④コミュニティの活力を削いでいく。

②については、第2章（54〜55頁）で簡単ではあるが記述しており、③、④は後述するので、ここでは①についてのみ整理する。

図12・1は、世界の都市における人口密度と私的交通のエネルギー消費量の関係を示したものであるが、この図より人口密度が低い都市ほど自動車によるガソリン消費量が高くなることが分かる。これは人口密度が低いと公共交通の収益性が悪化するため、利便性も悪くなり、必然的に自動車に依存しなくてはならないことや、土地利用が集積していないため、ちょっとした用事でも遠距離を移動することを余儀なくされるからである。したがって、人口の減少と歩を合わせて都市の面積をも縮小させる対策を採らなくては、せっかく人口が減少しても自動車によるガソリン消費量はほとんど減らないことになる。

自動車を悪玉コレステロールであると形容したのは、南米の人間都市クリ

チバの元市長であり、世界建築家協会元会長のジャイメ・レルネル氏[※5]であるが、人口規模という体重を減らしても、自動車というコレステロール値が高いままであれば、不健康のままである。体重を減らすことを医者が勧めるのは、コレステロール値や中性脂肪値を低くするための処方箋としてである。人口が減少するのは、都市においては、さほど問題にはならない。しかし、人口密度が減少することは大きな問題を生じさせる。人口の減少に合わせて、都市面積を縮小させ、都市全体の自動車利用を少なくさせ、エネルギー効率を高めていくことが求められる。

このような観点から、人口減少にともなった都市構造の再編が求められ、実際、そのようなスタンスから本書で紹介した事例もその取り組みを行っている。ただし、その再編で目指す都市構造のタイプは**表12・1**で示されるように異なっている。すべての事例が市街地化されている地区の人口密度は維持し、その空間的メリハリをつけようとしている。都市的な所と、そうでな

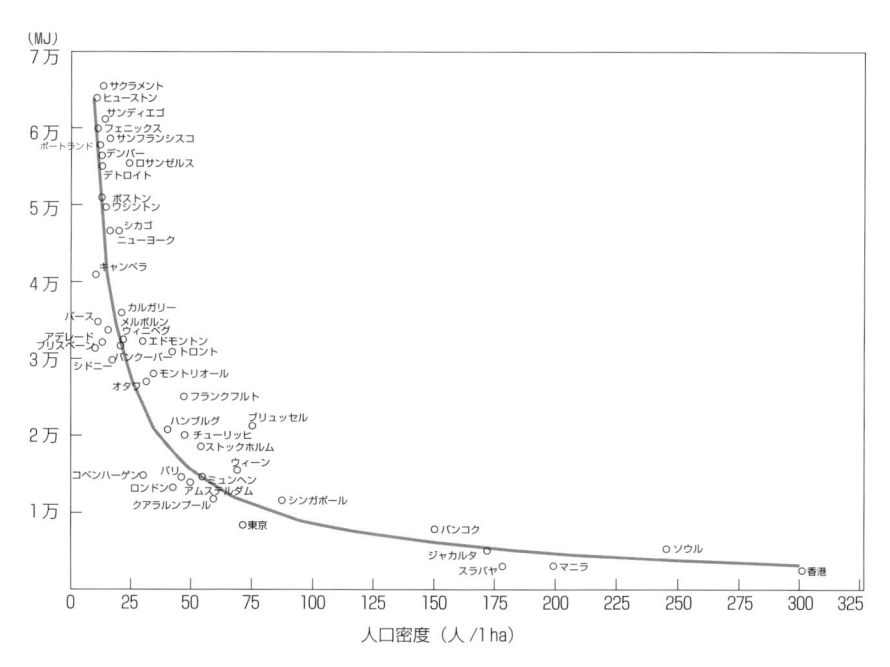

図12・1 世界の都市における人口密度と私的交通のエネルギー消費量の関係
(出所：Newman & Kenworthy（1999）"Sustainability and Cities")

表12・1 事例の縮小都市が目指す都市構造タイプ

都市名	新たな都市構造タイプ	補足解説
アイゼンヒュッテンシュタット	都心集中＋衛星拠点型	都心部のコンパクト化を図ると同時に、他に二つほど地域センター設置
ライネフェルデ	リニア型	二つの軸をコア・センターとして、回廊状に都市の集積を図る
コットブス	都心集中＋ノイシュタットのコンパクト化	旧市街地の都心の魅力向上とノイシュタットのコンパクト化
デッサウ	分散都市型（ポリ・センター型）	島のように生活拠点を残す。都心の相対的位置づけはむしろ低下
シュヴェリーン	都心集中＋ノイシュタットのコンパクト化	旧市街地の都心の魅力向上とノイシュタットのコンパクト化
ホイヤスヴェルダ	2都心集中型	ノイシュタットのコンパクト化を図るが、その都心部と旧市街地を一体としてみなす
ライプツィヒ	都心集中＋ノイシュタットのコンパクト化	旧市街地の都心の魅力向上とノイシュタットのコンパクト化

い所をハッキリと区分したような空間構造を目指しており、これは人口縮小下においてきわめて重要な都市計画の使命になると考えられる。

　ここで「都市計画の使命」という言葉を用いたのは、このような縮小にともなう都市構造の再編をする際には、市場経済はまったく機能しないからだ。人口が増加している時、市場経済はそれにともなう都市の成長によって生じるプラスの外部経済効果を求めて、都市開発を積極的に行っていく。都市計画は、むしろその過度の利益追求に起因するマイナスの外部経済が生じてしまいそうな場合においてのみ調整（たとえば住宅地において工場が立地するような事態を回避するための用途地域の導入や、歴史地区が開発によって失われそうな事態を回避するための保全等）さえしていればよかった。

　しかし、人口が減少している時は、プラスの外部経済効果は生じない。住宅市場はもとより、消費需要が減っていき、都市の経済活動は停滞していく一方である。そして、前述した人口密度の低下によって、都市機能の効率性は悪化していく。この状況を改善するためには、機能しなくなった市場経済に積極的に行政が介入することが必要となる。シュタットウンバウ・オスト・プログラムの優れている所は、建物を撤去する費用が捻出できない住宅公社

に自己負担ゼロの撤去費用を提供することで、空き家という不良在庫を一掃させることを可能にした点である。同プログラムがなければ、多くの住宅公社は倒産することになり、結果的に納税者も多くの負担を背負わされただけでなく、それらの都市の人口減少はさらに加速化するような事態になったであろう。そして、その撤去する過程で、中心部の人口密度を維持するように配慮した。人口が減少している時こそ、都市計画が積極的にその将来像を提示し、都市構造の再編等に力を入れることが必要であることをドイツの事例は示している。

12・2　都市機能の再編

　都市の人口が縮小する場合、その縮小のスピードや度合いは地域によって相当の温度差があるし、それらはパッチワーク的に展開していく。その結果、地域によって人が多く住んでいる所とそうでない所、空き家が多い所とそうでない所、などの違いが大きく出てくる。

　そして、これらの違いは、それまでの都市機能の効率性を悪化させていく。とくに人口縮小が多く、空き家率が高い地区は、社会インフラの維持費用が高くなったり、社会サービスの供給費用が割高になったり、また治安が悪化したり、全般的に地域のイメージが悪化したりすることは第2章でも述べた。

　都市の縮小に対応するというのは単に住宅を減らせば良いという話ではない。その住宅で生活する住民に対してのさまざまな公共サービス、商業機能なども人口の減少にともなって縮小し、その機能を再編することが求められる。

　以下、「公共サービス」「商業機能」「撤去後にできる空き地」「公務員」の4点から、その機能の再編の課題を整理する。

(1) 公共サービス

　公共サービスは市役所が主導となって縮小を図ることができるため、都市

計画的な観点からの縮小が可能となる。そのなかでも、重要な施設は幼稚園、小学校をはじめとした学校施設である。

人口が減少しているだけでなく、住民の高齢者が占める割合が増加しているため、これらの施設は圧倒的に供給過多となる。これらを他の機能へと転用させたり、場合によっては撤去したりすることが必要となる。

事例研究で取材をした都市はすべて学校を閉鎖している。たとえば、シュヴェリーンでは1998年に44校あった学校を28校にまで減らした[※6]。学校を閉鎖する過程では、住民の意見を聞く場合もあるし、そうでなくトップダウンで決定してしまう場合もある。コットブスだと、地区ごとに最低一つ存続させるという条件のもと、地区内で残す学校、残さない学校を選別するのが通常のアプローチである。周辺の住宅の撤去状況、さらには在校生の状況、そして地区の人口ピラミッドを勘案して決める。住民が会議に参加することはできるが、どの学校を閉鎖するかの議論には参加できない。そうすると調整が不可能になってしまうからだ。住民の不満は大きいが、合意形成を図るのは無理であるという判断である。ドイツの都市計画は、民意を丁寧に汲むという印象が強いが、小学校や幼稚園などの閉鎖に関しては、トップダウンで遂行しているケースが多いようだ。

また、転用や機能の複合化のケースも多い。たとえば、第8章で紹介したシュヴェリーンのアストリッド・リンドグレン学校などは、まさに多機能化することで小学校を閉校させないようにした事例である。縮小にともない、公共施設を閉鎖することは回避しがたいが、そこをいろいろな知恵をもって存続させていくことが、コミュニティを維持させていくうえでも重要である。

(2) 商業機能

第2章で述べたように、ドイツ再統一後には市場経済へと一夜にしてシフトしたために、大きな市場環境の変化が見られた。さらにモータリゼーションの急激な進展などと合わせて郊外化も進み、それを取り巻くマクロ社会経済環境は大きく変化した。

ただ、ドイツ再統一後から25年の時間が経過した現在、状況はそれなりに落ち着いている。これは商業機能の撤退等に関しては、前述した公共サービスなどと違い、純粋なビジネス的判断が下しやすいからである。需要が増えれば進出するし、需要が減れば撤退する。

　ライプツィヒのグリューノウ団地は商業機能が充実していたことが人口減少を抑えることに貢献したと考えられる事例である。同団地は1987年の8万5千人から2009年には人口4万5400人までと大きく人口減少するが、2012年頃から再び人口増加へと転換しつつある。グリューノウ団地の住民アンケート調査で、ここでの生活の満足度を幾つかの項目で尋ねているのだが、一番満足度が高いのは「十分な商業施設とサービス」であった[7]。この結果は商業機能を充実させることで、生活満足度も高まり、そこからの転出を留まらせる効果があることを推察させる。

　このように人口縮小しても、商業機能が提供されていれば問題はないが、地区によっては提供されなくなるケースも考えられる。そのような地区では「買物難民」[8]が生じることが危惧される。公的なサービスでそれを補う検討が必要であろう。

(3) 撤去後に生じる空き地

　シュタットウンバウ・オスト・プログラムには幾つかの批判があるが、そのうちの一つとして「撤去の後のビジョンを展望できるような施策がほとんど提示されなかったこと」があげられる[9]。もちろん、すべてがその撤去後のビジョンを展望していないわけではないのは、ライネフェルデやデッサウの事例から明らかではあるが、それらは全体で見れば例外的である。

　建物を撤去した後の跡地利用は、あまり深刻な議論がされていないことは問題である。中抜きのように建物に取り囲まれている集合住宅が減築された場合は、オープン・スペースのように活用されることが期待されるが、アイゼンヒュッテンシュタットの第7地区のように地区全体をほぼ全壊した場所のように、そのまま放って置かれ、また「都市計画発展コンセプト」などで

も将来像が描かれていない茫漠たる荒れ地は、人々に不安を与えるだけでなく、その都市に廃れたイメージを植え付ける。

2014年12月時点でアイゼンヒュッテンシュタット市役所のホームページを閲覧すると、第6地区の発展計画、第1地区～第4地区の保全計画などは掲示されているが、ほとんど全壊した第7地区だけでなく、第5地区の将来計画も掲示されていない。第7地区の真っ平らな何もない土地を前にして、その都市の明るい将来を展望することは非常にむずかしいと思われる。

ライネフェルデのように、撤去した建物跡にお花畑をつくるという簡単な試みで、そのような不安はずいぶんと解消される。建物を撤去・減築することで、以前より空間の質を高めようという戦略的な意図がうかがえる。同様の試みはデッサウでもうかがえる。後述するアッシャースレーベンでは、空閑地を積極的に壁絵で隠すなどして、そのマイナスの効果を削減している。撤去によって空き地となってしまったが、そこは決して無視されているわけではない、というメッセージをちょっと発信するだけで人々の捉え方も変わるであろうし、その後、跡地利用で何かしようという気持ちを喚起させるのではないかと思われる。

(4) 公務員

都市の縮小にともない役所の職員を都市規模にまで減らすことが健全な自治体財政を維持するためには必要である。しかし、この縮小による機能再編には多くの課題をともなう。

小売店等の商業機能が供給過多の場合は、市場経済が調整して少なくさせられる。住宅への需要の少なさに起因する空き家の増加は、政策としてその数を減らすことができている。幼稚園や小学校に関しては、住民の合意形成を図ることはむずかしいが、市役所主導によるトップダウンで閉鎖することができる。

しかし、公務員の解雇は上記のようにうまくはいかない。まず、ドイツでは公務員はそうそう解雇できない。したがって、公務員を減らすには、新規

採用を控え続けるしかない。実際、ブランデンブルク州はそのような対応をしているが、それは時間がかかるし、また公務員の年齢構成がいびつになるなどの問題が生じる。

　加えて、公務員をカットすることで公共サービスはむしろ悪化してしまう。というのは、人口が縮小したことで公共サービスの業務量がそのまま減るわけではないからだ。とくに、本書で注目してきた都市計画業務はほとんど変わらないどころか、人口縮小という未知の状況のなかで将来を展望しなくてはならないため、むしろ増えているぐらいである。たとえば、ホイヤスヴェルダでは2016年に新しい都市計画発展コンセプト（INSEK）をつくろうとしているのだが、市役所の人数が減っているためにむずかしくなっている。4年前は7人いた都市計画課の職員が3人へと減らされた。取り扱っているテーマは大きく複雑になっているのに、それを少人数でこなさなくてはならない。政治家の方針で都市計画系の職員は減らされているらしいが、これは縮小都市の自治体が抱える大きな課題であると思われる。

12・3　機会の喪失

　縮小都市は機会が失われる。成長していれば機会は自然と発生する。人口の増加は市場の拡大を促し、そこには新たな需要が生じるから経済機会は増えるし、またネットワークが多層化するなかで、新たな交流機会も生じる。しかし、人口の減少はそれと真逆のスパイラルが転回する。経済機会は減り、そして交流機会も減少していく。放置しておけば、機会は失われる一方である。

　しかし、そうであれば機会を意図的に創出すれば良い。市場機会が増えないのは、その活動を通じて経済的な利益が得られないからだ。それならば経済的な利益を無視して、とりあえず活動をする。そうすると、何かが展開していく可能性も出てくる。少なくとも、社会的ネットワークは多層化していく。

このような機会を生みだすことに関しては、ライプツィヒ市がきわめて長けている。ライプツィヒ市の人口が減少から増加に転じた最大の要因もそこにあるとさえ思われる。ここでは、ライプツィヒ市の二つの事例を紹介したい。

(1) 日本の家

ライプツィヒ市の中央駅の東にあるライプツィヒ・オスト地区は、19世紀後半に工場地区として開発された。その時、ここの工場の従業員のために集合住宅が建てられたのだが、社会主義時代に投資されることはなく、東西ドイツが統一された後は多くの空き家が生じ、ライプツィヒのなかでももっとも衰退した地区となってしまった。

そのような状況を改善させるために、ライプツィヒ市はボトムアップ的にこの地区を更新させるさまざまなプロジェクトを地元のNPOや住民団体と協働することで展開しているが、そのうちの一つが前述した「家守の家（Wächterhaus）」である。

そして、このプログラムを活用し、ライプツィヒにある空き家を「日本」というテーマのもとに、人々が集いアイデアやものを生みだす、クリエイティブな空間として再生することを目標として始まったプロジェクトが「日本の家」である。そこでは「ごはんのかい」、コンサート、地域の芸術祭、ワ

写真 12・1　日本の家 （撮影：日本の家）

ークショップ、子どもと家族向けのイベント、学術的なシンポジウムなどの多彩な活動が展開されている。その活動の中心人物は、まだ30歳のライプツィヒ大学院生である大谷悠氏、ライプツィヒで建築家として活躍しているミンクス典子氏という二人の日本人である。そして、その活動はライプツィヒの地元住民たちによって支えられている。

　立ち上げ当初に利用していた物件は「家守の家」だったために家賃はゼロ。大谷氏はここに住みついた。ただし、まったく投資されていない東ドイツ時代の建物だったということで、隙間風がひどく冬は光熱費が高すぎたこともあり、その後、現在のアイゼンバーン・シュトラッセの場所に移転する[※10]。

　2012年からは、「都市の『間』」をテーマに、日独共通の課題である「市民によるボトムアップ型のまちづくりと空き地・空き家の活用」について学び合い、調査と提案を目標としたワークショップを行っている。

　これらの活動を通じて、肩肘を張らずに、草の根レベルでのまちづくりのプラットフォームとしてこの「日本の家」は位置づけられつつある。場所はローカルであるが、そのネットワークはグローバル。コミュニティ・ハブとして貴重な役割を担うと同時に、ライプツィヒ・オストという課題の多い地区を再生する一つの重要な拠点としても期待されている。

(2) シュピネライ

　ライプツィヒ市から西に行ったプラークヴィッツ地区。ドイツ再統一後は、住宅の質が高くなかったこともあり、空き家も多かった同地区であるが、現在では若者に人気のある文化ゾーンへと変容している。その大きなきっかけとなったのが、このシュピネライである。

　プラークヴィッツ地区のカール・ハイネ運河に沿った場所に広大な木綿工場がつくられたのは1884年であった。20世紀前半には、その規模はヨーロッパ大陸では最大を誇るまでとなった。1907年には4千人以上の労働者がここで働いていた。さらに、そこは単に工場だけでなく、従業員の住宅、庭、幼稚園などが併設され、一つの町のように機能していた。

ここでは、ベルリンの壁が撤去された時点でも1650人が働いていたが、この工場はドイツ再統一後の1992年に競争力のなさから閉鎖されることになる。すべての従業員は解雇され、9haにも及ぶ空間が放置された。1993年にケルンに本拠地を置く会社がこの土地を買収するのだが、2000年から買い手を探し始める。

　この土地に関しては、銀行はいっさい、投資する意向を示さなかった。しかし、そのポテンシャルを認識した有限会社「ライプツィヒ木綿紡績管理会社（Leipziger Baumwollspinnerei Verwaltungsgesellschaft mbH）」が、この土地を2001年7月に購入する。そして、60の空間を主に芸術家を対象に貸し出すことにした。建物は構造がしっかりとしていたために、改修費用と運営コストは安くすんだ。その結果、家賃を低く抑えることができ、若い芸術家が借りられるようになった。

　最初にここに住み込んだアーティストの一人が国際的にも著名なネオ・ラオホであった。彼がここにスタジオを設けたことは、他のアーティストを惹きつけるのに大きく貢献した。そして、100以上のアート・スタジオがつくられることになる。アーティスト以外にも、音楽家、舞踊家、工芸作家、建築家、印刷業者、小売業者、デザイナーなどがここに店舗を開いたり、スタジオを設けたりした。さらに2005年には六つのギャラリーが開設された。

写真12-2　工場がアトリエやギャラリーに変容したシュピネライ

そのうちの一つは、蒸気エンジンが設置されていた空間をギャラリーへと変容させたものであった。現在では14のギャラリーが、シュピネライにてオープンしている。建物は徐々に、そこに住む人たちによって修繕されている。

このようにして、放置されていた工場がライプツィヒの文化と芸術の中心的な役割を担うことになり、多くのアトリエやギャラリー、レストラン、映画館、オフィス、アート・ショップが立地する仕事場、生活の場、さらには観光の場としての「芸術の小宇宙」のような空間が創造されたのである。

空き家利用の可能性を大きく拡げた「日本の家」そしてシュピネライのポイントは、機会の提供である。縮小都市においては、機会がどんどんと減少していく。このような状況においては、あえて積極的に機会を創造していくことが重要であることをライプツィヒの事例は教えてくれる。

12・4 アイデンティティの希薄化

人口が縮小することで、その都市のアイデンティティが喪失されるわけではない。ただ、そのアイデンティティを共有し、理解していた人が減少していく。その結果、概念としての都市が希薄化していく。また、旧東ドイツの諸都市やルール地方の都市などは、社会体制、経済環境といったマクロ環境が大きく変化したために、それまでのアイデンティティが失われつつある。アイデンティティが希薄化するような状況にあるからこそ、人口減少が生じているとも捉えられるが、その人口減少がさらにその都市・地域のアイデンティティを弱くしているというマイナスのスパイラルが転回している。

これを逆転させるためには、アイデンティティの強化が求められる。そのためには、その都市・地域が、どのようなアイデンティティを有しているのか、どのような資源を有しているのかを再考することが必要である。そもそもアイデンティティとは、その都市を他都市から際立たせる個性でもある。それは都市マーケティングの時代においては、ブランド価値、広告コピーにもなる。以前のブランド価値が失墜したら、また新しいものを創造しなくて

はならないし、潜在的な価値が存在するのであれば、それを新たに発現させることが重要になるだろう。

　第8章で紹介したシュヴェリーンの連邦庭園博覧会では、自らのアイデンティティを歴史あるシュヴェリーン城、そして湖であると捉えた。そして、この二つを博覧会会場として位置づけ、全面的にアピールした。博覧会開催中はマスメディアを通じて多くの報道がなされる。その結果、シュヴェリーンの認知度が向上し、マーケティング面では大成功をもたらし、同市への観光客数も前年より80％ほど増えた。また、博覧会開催期間だけでなく、同博覧会を開催したことで都市のブランド価値を上げることにも成功した。前述したように、同博覧会の第一の目的は都市改造の手段であったが、アイデンティティ強化という観点でも、多くの成果が得られたのである。

　シュヴェリーンはイベント型であったが、同様に国際建設展を活用して、その都市のアイデンティティを強化した事例として、IBA ザクセン・アンハルト事業であるアイスレーベンの「ルター・トレイル」を紹介する。

❖アイスレーベンの「ルター・トレイル」

　アイスレーベンは人口2万5千人ほどの都市でザクセン・アンハルト州の南に位置する。その歴史は9世紀まで遡る。1990年には3万1千人の住民がいたが2020年には1万8千人まで減ると予測されている。同市はマルティン・ルターが1483年に生まれ、1546年に没した都市でもあり、世界遺産にも指定された美しい街並みを誇っている。しかし、旧東ドイツ時代にしっかりと維持管理されていなかったために、その魅力を発現させるためには多くの手直しが求められた。また、観光ルートとしての動線がこれまでつくられなかったので、第5章で紹介したIBA ザクセン・アンハルトの事業を契機として観光ルート「ルター・トレイル」を整備することにした。

　その背景には、社会主義時代に歴史的街並みがずいぶんと破損され、多くの人がこの歴史的中心市街地から去り、2005年にはその空き家率は18％にまで及んだことがあげられる。このような状態からいかにして街並みを改善させるか、改善された街並みをいかにネットワークさせるか、そして、どの

ように展示するのかが問われた。アイスレーベンは観光ポテンシャルが高く、国外からも観光客を呼び寄せるだけの魅力を有している。そのポテンシャルを発現するためにも、トレイル沿いに街並み整備、レストランや小売店舗などの開業をまず図った。ルターの生家は2007年に修復され、隣接してビジター・センターも新たに開設した。これはルター・トレイルの起点にもなっている。その終点は、ルターの亡くなった家である。

　ルターの生誕地ということでアイスレーベンへの関心は高まっており、アイスレーベンの歴史的中心市街地のイメージはずいぶんと改善されている。以前は人々に見放されていた所が、生活するうえで好ましい場所とさえ思われつつある。「ルターの都市」という名称を具現化する都市として、そのアイデンティティを強化する事業を展開しているのだ。

　この例のように、ドイツの都市では、縮小への対抗策としてアイデンティティの強化に取り組んでいるものが多い。そもそも、シュタットウンバウ・オスト・プログラム自体が、その都市において歴史的重要性の高い都心部を維持することを推奨しているし、それぞれの都市の存在意義を自覚化させるような動きが多く見られる。アイスレーベンやシュヴェリーン以外でも、第11章で紹介したルール地方のツォルフェラインやランドシャフツ・パークがそうであるし、デッサウの縮小計画では、世界遺産「庭園王国」を彷彿さ

写真12・3　世界遺産に指定されたアイスレーベンの中央広場。中央にはルターの像が設置されている。

せるコンセプト・デザインを呈示した。デッサウの多くの人々が誇りを抱いている「庭園王国」をコンセプトに用いることで、縮小計画をより受け入れやすくしたのである。

　アイデンティティがしっかりと確立されている都市は縮小への抵抗力が強い。それは、人々に都市の存在意義を強く訴える作用が働くからだ。地域アイデンティティが希薄な歴史の浅い社会主義都市であるアイゼンヒュッテンシュタットでも、そのユニークさを有する第2地区を中心とした三つの街区（第1から第3地区）を保全する縮小政策が策定された。縮小対策として撤去候補に挙がるプラッテンバウ団地のなかにも、ハレ・ノイシュタットやロストック・シュマールなどがある[11]。プラッテンバウであるから、アイデンティティがないわけではない。その都市の本質を捉え、それを維持しようと努めているドイツのアプローチは、縮小政策を検討するうえでは参考になると思われる。

【※注】
1. 渡辺俊一（1993）『都市計画の誕生』柏書房、p. 8
2. 同上、p. 31
3. 同上、p. 33
4. 同上、p. 37
5. ジャイメ・レルネル、中村ひとし・服部圭郎訳（2005）『都市の鍼治療』丸善出版社、p. 66
6. Landeshauptstadt Schwerin（2015）"Integriertes Stadtentwicklungskonzept Schwerin 2025"
7. Sigrun Kabsich（2015）"Wohnen und Leben in Grünau" Helmholtz Zentrum für Umweltforschung
8. モータリゼーションに合わせて、とくに地方部において買物をするための交通手段が徒歩ではなく自動車になってしまったこと、また、そのようなシステムになったことで、徒歩圏にあった小店舗が閉店し、ショッピングセンターのような広域の商圏を対象とする大規模店だけが残るといった状況になり、自動車の運転が困難な高齢者が買物をすることができなくなってしまったことを言う。
9. Manfred Kühn（2006）'Strategic Planning' in "Shrinking Cities" Vol. 2
10. 2011年に「日本の家」を立ち上げたときにはヴェヒターハウスの物件を利用していたが、現在の物件はハウスハルテンとは関係はない。
11. W. キール、澤田誠二・河村和久訳（2009）『ライネフェルデの奇跡』水曜社、p. 25

第13章
縮小都市が人に与える影響

13・1 合意形成のむずかしさ

　都市の人口が縮小することは、多くの組織・人に対して大きな影響を与える。そのため、縮小に対応したプログラム、計画を策定するうえでは、それらの人・組織との意見調整が本来的には不可欠である。ただ、この調整を図り、ステークホルダーの人たちの合意を得るのは容易ではない。以下、住民、住宅公社の立場から合意形成のむずかしさを整理する。

(1) 住民

　縮小する都市で生活する人たちは、縮小現象に大きな不安を抱く。人口が縮小し始めると、往々にして人口の縮小が加速化する。これは、縮小という不安が人々をそこから脱出させようと促すために、縮小が縮小を呼ぶからである。さらに、プラッテンバウ団地の撤去といった縮小政策を展開すると、対象となる建物に住む人々はもちろんのこと、周囲に住んでいる人々にとっても、これまで曖昧に感じていた縮小の不安が現実のものとなったアナウンス効果となり、ショックを与える。

　ボトムアップのまちづくりでは先進的なドイツであっても、建物の撤去・減築に関しては、市民参加は往々にして丁寧にやられていない。ホイヤスヴェルダは、プラッテンバウ団地の建物を取り壊すうえで、住民を呼んで説明したことは一度もなかった。法律に書かれた最低限のことだけをやっただけである。

前述したように、撤去という施策を遂行するうえでは、どの建物を選ぶかというだけでなく、そこに住んでいる住民にいかに円滑に引っ越してもらえるかが重要となる。撤去する建物は、市の「都市計画発展コンセプト」に基づいて、住宅公社が判断することになっているが、その時点で空き屋率は相当高くなっている。しかし、まだ住んでいる人に対しては、住宅公社が引っ越し先（通常はこの住宅公社の他の物件）の候補を提案することになっている。シュヴェリーン市役所のシュタットウンバウ・オスト・プログラムの担当者の大雑把なイメージだと、100戸ある建物が撤去される場合、撤去が決まった時点で40人ぐらいしか住んでおらず、そのうちの半分はもう移住の覚悟ができており、残りの半分は住宅公社が代わりに準備する住宅の内容等を聞いてきて、そのうちの5人ぐらいが長期間の交渉を必要とする[※1]。

　この引っ越し先を斡旋する業務に関して、住宅公社の対応はさまざまだ。たとえば、今回の事例調査から判明したのは、シュヴェリーンのある住宅公社は、一部のテナントに撤去の通知を怠り、新聞で住民が初めて知ったケースがあった。また、引っ越し先として斡旋した団地が、数年内でまた撤去され、2度引っ越しをさせられたケースもあった[※2]。引っ越し費用は住宅公社が支払うとはいえ、このような住宅公社の対応に不満と不信を持つ住民も出てくる。シュヴェリーンでは、住宅公社が裁判所に訴えられたケースさえある。

　また、引っ越しがうまく進むかどうかは、住宅公社だけでなく住民側の事情にもよる。引っ越しの斡旋をすぐ承諾するかどうかは、そこに住んでいる住民の属性によって大きく異なる。一般的に若年層のほうが、引っ越しに関する提案を受け入れやすい。基本的に住宅公社は、現在住んでいる物件より優れている物件を紹介する。住宅物件という観点に限れば、引っ越し自体は悪い話ではない。ただし、引っ越しをすることで、それまでの社会的ネットワークは分断されてしまう。若ければ、引っ越し先で新しいネットワークを構築しやすいが、高齢者は長年生活してきたコミュニティを去ることのダメージが大きい。このことが、住民が総じて若く、建設された時期が新しいプ

ラッテンバウ団地を率先して撤去した、都市計画的では必ずしもない社会的な理由の一つである。この点は、アイゼンヒュッテンシュタット、ライネフェルデ、ホイヤスヴェルダで指摘された。

建物の撤去というと、その地区に住んでいる住民たちは猛反対をするように想像するかもしれないが、意外と好意的に見ている割合が高い。ヘルムホルツ環境研究センターのジーグルン・カビッシュ教授の調査では、ホイヤスヴェルダの住民の7割が建物の撤去について賛成している。しかも、年齢層によってその差も見られないという[※3]。これは、ほとんどのプラッテンバウ住宅が賃貸であることも理由の一つであろう。

ライネフェルデを市民とのコミュニケーションがしっかりと行えたケースとすると、シュヴェリーンはあまり行えなかったケースであると言える。ライネフェルデの場合は、規模が小さく、また都市計画の策定に旧西ドイツのコンサルタントに依頼するなど、丁寧に住民との対話を行うようにしてきた。情報センターの設置、ニュースレターの発行、住民とのミーティングの開催。徹底した情報公開をしたことが功を奏した。

今回の事例調査から、住民への説明は面倒かもしれないが、丁寧に説明したほうが結果的には上手く事が進められることが見えてきた。

(2) 住宅公社

住宅公社にとっては、プラッテンバウ団地の撤去・減築は財産の消滅を意味する。それは営業上の資産であるからだ。一方で、空き家率の高い団地は赤字をもたらし、事業経営を悪化させる。圧倒的な供給過多の状況において、もし、撤去費用を負担しなくてもよければ、住宅は撤去したいと住宅公社は考える。

しかし、どの建物を撤去するかの合意形成をはかるのはむずかしい。市は「都市計画発展コンセプト」を策定し、建物の撤去指針を提示する。ただし、これはBプランのような法的拘束力は有していない。住宅公社は市が提示しているコンセプトに従う必要は必ずしもない。市の交渉ツールは縮小のた

めの補助金を差配する権利だけだ。この補助金を使うためには、住宅公社は市と契約を結ばなくてはならない。市としては、この権利を楯に、住宅公社に市の意向に添う形で撤去を行わせることになる。

　一方で市役所は、撤去指針を提示した後は手を出しにくい。それ以降は住宅公社の判断によって撤去が遂行されるからである。ただし、市長がトップを兼任している場合は、リーダーシップで市営住宅の撤去を遂行することができる。

　コットブスでもデッサウでもホイヤスヴェルダでも、市の「都市計画発展コンセプト」に沿って、住宅公社が撤去事業を進めているわけではないことが明らかとなった。ライプツィヒのグリューノウでも、「都市計画発展コンセプト」で市役所側が「撤去候補」として指定した建物が綺麗に改修されて残ったケースもある。ただし、グリューノウの場合はシュタットウンバウ・オスト・プログラムが始まってから2回目に出された改訂版の「都市計画発展コンセプト」においては、団地地区を大きく「維持地区」と「縮退地区」とに分けたのだが、この分類に対しては、住宅公社は素直に従っている。マクロでは市の計画に従うが、ミクロの建物単位では住宅公社が自己の判断で撤去する建物を決めているということだ。

　ライネフェルデにおいても、ケルンの不動産業者の奇妙な改修事業案について、「市のマスタープランを考慮するようにと市は辛抱強く説得したが、彼は耳を貸さなかった」そうだ[※4]。奇跡的に縮小計画を成功させたライネフェルデであってもデベロッパーに市の計画を尊重させることがむずかしかったのだ。日本では、「計画なき所、開発なし」といったフレーズ等で、ドイツの都市計画の法的フレームワークがしっかりしていることが喧伝されるが、縮小都市においては、そのフレームワーク通りに潤滑に進んでいる訳ではないことが浮き彫りになってくる。

　そして、事態は住宅公社の数が多くなると正比例的に複雑になる。今回の事例で見たアイゼンヒュッテンシュタットやホイヤスヴェルダ、そしてライネフェルデなどが比較的、市役所主導で縮小計画を策定することができたの

は、住宅公社の数が二つと少なかったからである。アイゼンヒュッテンシュタット市などは 2008 年時点でも、二つの住宅公社が市内の住宅の 82 ％ を所有していた。住宅公社の数が少ない所は、大規模な地区ごとの撤去を遂行できたが、そうでない所は部分的な減築・撤去に限定される場合が多い。

　住宅公社同士の協働も簡単ではない。住宅公社は建物の撤去を検討するうえで相手の腹を探るようなことをする。たとえば、公社 A が建物を撤去した際、その隣接地に建物を持っていた公社 B は撤去を取りやめて改修し、公社 A の撤去した建物に入居した人たちを受け入れたりする場合もある。その後、この地区の公社たちは相互不信に陥り、計画どおりには撤去が進めにくくなってしまった。これは、マスタープランである「都市計画発展コンセプト」に法律的な強制力が効かないから起きた事態であると言える[※5]。

　さらに、減築を進めていくうえでの合意形成は、時をへるにつれステークホルダーも増加し、どんどんとむずかしくなっていく。とくに最近では銀行、さらには地域外の住宅公社の存在感が増している。また、プラッテンバウ団地でも賃貸ではなく個人が購入するケースが増えつつあるが、このような状況になると、撤去・減築を遂行するハードルはさらに高くなる。

(3) 合意形成を得るためのポイント

　撤去事業を進めるうえで、問題をこじらせているのは秘密裏に進めようとする姿勢であり、このような状況を改善させるために、前述のカビッシュ教授は次のことを提案している。

　　　①撤去計画を公開すること
　　　②需要に基づいた適切な引っ越し案の提示
　　　③必要に応じた金銭的保証やサポート
　　　④撤去跡地の管理

　これらのなかでも①はもっとも重要なファースト・ステップであると思われる。ライネフェルデのラインハルト市長は、縮小政策を成功するための他の自治体へのアドバイスを問われて「市民に真実を伝えること」と回答して

いる※6。一方でホイヤスヴェルダでは住宅公社の社員は、筆者の取材に「住民には一切伝えない」と回答している。これは市役所の担当職員に聞いてもほぼ同じ回答であった。そもそも、ホイヤスヴェルダはこれまで「社会都市プログラム」などのソフト面での縮小対策への補助申請をいっさいしておらず（2015年には初めて申請を考えている）※7、ひたすらハード面での縮小対策を推進してきた。その結果、前述したように撤去に好意的であったホイヤスヴェルダ市民の態度は変わりつつある。第3地区の建物を住宅公社が撤去したいと申し出たのだが、住民が大反対をしている。「2025年までには絶対取り壊させない」という名称の住民グループも設立された。こうなってしまうと、撤去事業を遂行するのもむずかしくなる。

　縮小というのは、誰も経済的な利益は得られない現象である。その損失を少なくするようにしかできない。そのような痛みをともなう施策であるからこそ、徹底した情報公開をして、困難ではあっても合意形成を図ることが求められることが、ライネフェルデとホイヤスヴェルダの現在の違いを見ると理解できる。

13・2　「縮小＝マイナス」という先入観

　縮小は良いイメージをともなわない。産業革命以降、緩やかなる経済拡張を経験してきたドイツにとって、「縮小＝マイナス」という先入観を払拭することはなかなかむずかしい。多くの政治家は「縮小」という言葉を嫌悪する。これは日本だけではなくドイツでも同様である。「この町を成長させます」と選挙で訴える候補のほうが、「この町をうまく縮小しましょう」と訴える候補より有利になる。政治家だけではない。縮小という事実は、市長や市役所にとっても「不都合な真実」である。たとえば、2005年頃、アイゼンヒュッテンシュタットの市長は、人口が縮小していても、ホームページなどでは「成長センター」という言葉で市の将来像を語っていた。当時、アイゼンヒュッテンシュタット市は、旧東ドイツでもっとも人口が減少した都市の

筆頭格であったにもかかわらずだ。

「縮小＝マイナス」というイメージを喚起させるのは、空き家の多いプラッテンバウ団地、まったく手入れがされていない都心部の古い住宅、シャッター商店街などである。これらのイメージを回避させるために、そのような縮小による現象を見せなくしたアッシャースレーベンのアプローチを紹介する。

❖ アッシャースレーベン

　アッシャースレーベンは人口が3万2千人弱の中都市である。世界遺産のあるケドリンブルクの東に位置し、マクデブルクから自動車で1時間ほどの距離にある。アウトバーンは走っておらず、広域圏からの自動車によるアクセスは必ずしも良くない。アッシャースレーベンはザクセン・アンハルト州で最古の町であり、またドイツでもしっかりと保全された城壁と城内が残る数少ない町でもある。19世紀の終わり頃から同市は中規模の工業都市として成長する。これは、北部にあるリグナイトの炭鉱と鉄道の便がよかったためである。しかし、その工業都市としての位置づけは1990年を境に大きく変容する。多くの工場が閉鎖され、1990年に3万2500人いた人口は2008年には2万7112人まで減少した。

　そこで、問題として捉えられたのが城郭の外側を走る環状道路である。この道路では1日あたり1万7千台の自動車が通過しており、沿道は自動車公害に悩み、多くの家主がそこを立ち去っていた。ある地区では空き家率は75％にも達していた。環状道路を走る自動車の車窓から見ると、同市は人口縮小によってずいぶんと衰退してしまったかの印象を与える状況であった。その対策として、この道路沿いの建物が壊されて駐車場に置き換わった場所を、道路から見られないように巨大な看板で視界を遮るようにした。これらの看板にはポップな絵が描かれており、お洒落である。家が壊されて駐車場になることで、街並みの連続性が視界的に遮断されてしまうことを、これらの看板は回避している。看板は家ではないので、用途面での連続性は途絶えてしまうが、景観面では少なくともスカイラインの連続性が確保できる。そ

写真 13・1　ファサードの空間的連続性を維持するために配置された巨大な看板

れが駐車場であるか看板であるかでは大きな差がある。

　この事業は、都市が縮小することのダメージを安上がりに軽減している優れた施策であると考えられる。少年がブランコをしている女の子のパンツを覗き込んでいる図柄は、ちょっと理解しにくいが、全般的には興味深い試みである。これらの沿道は夜にはライトアップもしている。

　臭いものに蓋をする、といった印象を受けないわけでもないが、多くの日本の縮小都市の商店街などは空き店舗になった所に駐車場が整備され、そうでなくても賑わいがなくなったのに、駄目押しのようなことをしている。それどころか、店をわざわざ潰して駐車場にしてしまう人さえいる。旭川市の買物公園のような立派な歩行者空間においてもそのような事例が散見される。もう少し、駐車場が道の賑わいに与える負の影響を人々が自覚し、その問題点を共有するようにしたほうが良いのではないか、とアッシャースレーベンの思慮深い施策を通じて気づかされる。

13・3　縮小への不安

　縮小は悲観的な将来像を人々に思い起こさせる。そして、それは将来への不安を増長させる。とくに減築・撤去といった自分の住んでいる建物、もし

くは周辺の建物が近い将来、取り壊されるかもしれない、という不安は大きなものがあるだろう。

ライネフェルデはこの縮小への不安を、状況の開示ということで対応した。ライネフェルデは大きな禍根を残さずに、減築・撤去といった空間的な縮小プログラムを遂行することができたが、どこの都市でもこのように上手くいくわけではない。第8章でも述べたように、シュヴェリーンでは家主（住宅公社）が撤去される住宅の住民によって裁判で訴えられたケースもあった。これは、シュヴェリーンが都市の将来像をしっかりと住民に伝えることを怠ったことが一因であろう。ビジョンを理解できれば、移転の協力を検討できるが、ビジョンが存在するかどうかも分からなければ不安は増殖するだけだろう。また、そういう経験をした市民は、住宅公社そして市役所に対して不信感を持つ。不安は不信を増長させる。シュヴェリーンが住民の移転等で上手くいかないのは、将来への不安を払拭することがうまくできていないからだろう。

不安払拭という観点からも第5章で紹介したデッサウの試みは、興味深い。デッサウの縮小に関するワークショップの内容をまとめた報告書『Pixelation』において、デッサウという都市が抱える問題を「現在では大きすぎる都市とどのように折り合わせていくか」と捉えて、人々に提示していることは示唆的である。縮小していくのは、都市が実際の経済規模より大きくなってしまったからだ、という逆転の捉え方はたいへん、興味深い。都市が縮小していく、というと、どうも「貯金が減っていく」「株価が下がっていく」といったマイナスのイメージと共振するが、それを、「大きくなってしまったのでどうにかしないと」と表現するだけで、「太りすぎなので体重を減らさないと」とか、「荷物が重すぎるので減らさないと」など積極的に対応しなくてはいけない課題として捉えることができる。とくに後者のような見方は、都市の縮小を環境問題の有力な解決手段として位置づけることを可能とする。

縮小という新しい局面を迎えて、多くの都市が不安を感じるのは当然であろう。しかし、悪い所ばかりをみていても仕方がない。良い面を積極的に評

価したり、現状に問題があったので縮小しているのだ、と捉えることで、その不安を払拭し、新しい都市像、社会像を見出すことができるのではないだろうか。縮小に対する人々の画一的な見方を変えようというデッサウのアプローチはおおいに参考になる。

13・4　コミュニティの脆弱化

　人口が縮小すると、その都市を支えていた基盤としてのコミュニティが脆弱化する。絶対的な人口が減少していくことでコミュニティ力は低減していくが、また人口構成も若者が移転して少なくなっていくことで、高齢者の割合が増えていき、コミュニティは脆弱化する。人口が減少しているからこそ、縮小都市においてはコミュニティのネットワークを強化することが重要な課題となる。ここではコットブスのザクセンドルフ・マドローとケドリンブルクの試みを紹介する。

❖ザクセンドルフ・マドロー

　ザクセンドルフ・マドロー地区はコットブス南部につくられたブランデンブルク州最大のプラッテンバウ団地地区である。主に褐炭産業を中心としたエネルギー産業の雇用者のために 1974 年から 1986 年にかけて 1 万 2 千戸の住宅が同地区において開発され、統一直前には 3 万人ほどがここで生活していた。しかし、東西ドイツが再統一した後、エネルギー産業が地域間競争に敗れたこともあり、住民は旧西ドイツなどをはじめとした市外へ流出するか、また都市圏内でもより住環境の優れた郊外の戸建て住宅へ流出した。さらには高齢化の進展などもあって、この地区から 50 % ほどの人がいなくなり、ザクセンドルフ・マドローのプラッテンバウ団地はほぼ 3 分の 1 が空き室になるような状況になった。

　この人口縮小が進む過程において、社会を構成する単位であるコミュニティが大きなダメージを受けていることが顕在化してきた。このコミュニティの崩壊をいかに食い止めるか、またはそのダメージを最小限に緩和させるか。

その対策のために、ザクセンドルフ・マドローでは、社会主義時代から存在していたコミュニティのネットワークを強化させることにした。そのために、トップダウンではなくボトムアップ的なアプローチを図り、さらには、経済的には非効率となった公共施設、公共サービスを撤去するのではなく維持するように努めた。これは、縮小する以前の施設の運営効率だけにとらわれ、それらを閉鎖していくと、縮小している地区の魅力はさらに減衰しかねないからだ。つまり、コミュニティの強化という目的を経済的効率性と同等、むしろそれ以上に重視したのである。

　そして、そのための資金を確保するために、ザクセンドルフ・マドローは1999年から第3章で述べた連邦政府の「社会都市プログラム」に参画した。社会都市プログラムで最初に手がけた事業は、デイケアセンターの建物を社会文化センターへと転用するものである。この建物はザクセンドルフの中心の、もっとも古く、そしてもっとも修繕が遅れている地区に位置していた。この事業は、この地区の生活環境が大きく変わっていくことを住民に示す役割も担っていた。工事は2000年から開始され、2001年10月に社会文化センターとして開業した。

　この社会文化センターは、住民たちが自由にクラブのイベントを行ったり、会合を開いたりできるようにした。そこでは演劇や簡単なスポーツ、展示会なども開催できる。同センターを通じて、多くの変化を強いられているこの地区住民のコミュニティを再び強化することができる機会を提供したのである。同センターは開業以来、多くの人々に利用されており、肯定的な評価がなされている。この事業は、2006年には連邦ドイツにおける「社会都市賞」[※8]も受賞している。

　それ以外では、もう必要性が低くなったチャイルド・ケア・センターをこの地区住民のためにコミュニティ・センターへと転換したり、ザクセンドルフ・マドローとコットブスの都心とを結ぶ自転車専用道路も整備したり、ザクセンドルフ・マドローの中心通りであるゲルゼンキルヘナー・アレーにおいては街路樹を植えたり、アート作品を展示したりしている。

また、建物を4.8haという規模で全面的に倒壊した地区においては、その跡地を空き地のままに放置することの周辺住民の精神的なマイナスの影響を少しでも緩和させるために、暫定的な庭園を整備している。この庭園にはイスラエル・アーティチョークが植えられている。管理コストが安く、3.5mもの高さまで伸びるため、インパクトのある景観が形成されるためである。その管理も地元のNPOや環境団体、学生たちが行っている。それによって、人々がその地区に関心を持っている、良くしようと思っている気持ちが伝わってくる。

　縮小する地区においては、コミュニティが脆弱化をしていくことが課題であるが、ザクセンドルフ・マドローのようなソフト面を意識したプロジェクトを実施することで、そのダメージは緩和するのではないだろうか。

　ドイツにおいては、サステイナビリティに関して「環境と経済と社会の3つの要素は相互に関係があり、1つが衰退すると、すべてがスパイラル的に悪化していくという認識がある」[※9]。経済的指標にこだわり、その改善を意識した政策を採ったとしても、社会的、環境的な観点から衰退が進んでいくと、長期的には経済的にも衰退していく。ザクセンドルフ・マドローの人口減少率、失業率などは最近、低下傾向にあり、最悪の時期は脱しつつあるように見える。それは、このようなソフト面でのコミュニティ維持の政策が寄与しているからではないだろうか。

❖ケドリンブルク

　コミュニティを連携させることで、その都市の魅力を発現させようとした試みとして世界遺産都市ケドリンブルクの事例がある。

　ケドリンブルクはハーツ山地の北部、ザクセン・アンハルト州の西部にある人口2万1370人（2009年）の町である。ザール川の支流ボーデ川が町の東を流れており、9世紀頃から人々が集住するようになる。90haに及ぶ中心市街地は戦災をほとんど受けなかったために、14世紀から現代に及ぶ、異なる時代の木組み家屋が1300戸存在する。しかし、これらのうち250の家屋は空き家状態であり、今にも朽ち果てそうな状態にあった。人口もドイツ

写真 13-2　ケドリンブルクの世界遺産の街並み

再統一の直前までは 2 万 9 千人を数えたが、その後の 20 年で 24 % ほど減少した。

　ケドリンブルクのこの多様なる木組み家屋は、他の旧東ドイツの中小都市が有していない資源である。1994 年には、丘の上に立つ教会とともにケドリンブルクは、「人類の歴史上重要な時代を例証する建築様式、建築物群、技術の集積または景観の優れた例」として世界遺産に指定される。世界遺産の指定は、伝統家屋を保存することの是非の議論に終止符を打つことになった。それは地域を活性化させる大きな機会となると同時に、市民が重大な責任を負うことにもなった。世界遺産の指定は、ある意味で将来の選択肢を狭めたが、ほかの選択肢がほとんどないという状況が人々の結束を促した。しかし、それに対してどのように対処するかという方向性はなかなか定まらなかった。これを、一挙に推し進めたのが第 5 章でも紹介した IBA ザクセン・アンハルトである。

　ケドリンブルクでは IBA は地主、商店主、一般市民、市役所の協働を促すプラットフォームとして位置づけられた。前述したように IBA エムシャーパークが成功した大きな要因は、「多様なプレイヤーを協働させる」ことである。ケドリンブルクも同じように、将来構想の合意形成に取り組むこととした。そして具体的には、都市のイメージを向上させること、ディズニー

ランドのようなテーマパーク化を回避しつつも観光業を定着させること、伝統的な街並みや家屋を保全・維持するための方法論を教育する場として位置づけることが、ケドリンブルクの将来課題であり、全市民が共有すべき仕事であると認識された。IBAのケドリンブルクのテーマは「世界遺産都市の視座」とした。

そして、空間的には都心部こそが将来にわたっても活力のある中心であるという合意形成が図られた。人口規模から言っても、都心を維持することは論を待たない。とくに都心にある木組み家屋が空き室になることは避けたいところである。「ハーツ山地の麓の風光明媚でコンパクトな世界遺産都市」。コピーだけを見ればなかなか魅力的ではある。しかし、2020年には人口は1万8千人まで減少すると予測されている。現在では半分の木組み家屋は改修が終わっているが、大きな建築物には予算不足から手がつけられてない。ケドリンブルクの予算不足は深刻である。州そして連邦政府からの補助金があるが、自治体負担分でさえ捻出できないような状況にある。

しかし、この世界遺産都市の展望が真っ暗というわけでは決してない。IBAを通じて、協働することを覚えた市民や市民団体、商店主は、彼らなりの方法論でケドリンブルクの魅力を伝えようとしている。そのうちの一つは、木組み家屋の住民が、自宅を観光客などに開放するイベントである。この協力者は24名なのだが、4日間のイベント期間に13万人の観光客を動員することに成功した。他にもイースターの前夜祭イベント、夏の音楽祭、若い芸術家に作品を展示させる機会の提供なども行っている。

2010年にIBAザクセン・アンハルトの事業は終了した。しかし、ケドリンブルクはこれからも人口減少というダメージを最小限に抑えつつ、世界遺産である中心市街地の活力を維持していかなくてはならない。その課題は重く、解決も困難である。ただし、ステークホルダーたちが問題の共有化を図り、ボトムアップで課題の解決に取り組むという、社会主義時代にはできなかった過程を体験した彼らには、この都市を良い方向に持っていく力とエネルギーがあるように思える。それは、この都市の公共性の基盤でもある都心

空間と歴史を共有することによって得られた力とエネルギーだ。縮小しているからこそ、逆に、人々を協働させるテーマをうまく掲げることができれば、それはむしろコミュニティを強化させることへと繋がる。ケドリンブルクの取り組みは、そのポテンシャルを示唆している。

【※注】
1. シュヴェリーン市役所のアンドレアス・ティーレ氏への取材による（2015.8）
2. 同上
3. Sigrun Kabisch（2007）"Räumliche Effekte demographischer Veränderungen"
4. W. キール、澤田誠二・河村和久訳（2009）『ライネフェルデの奇跡』水曜社、p. 49
5. ライプツィヒ市役所のセバスティアン・ファイファー氏への取材による（2015.7）
6. W. キール、澤田誠二・河村和久訳（2009）『ライネフェルデの奇跡』水曜社、p. 100
7. ホイヤスヴェルダ市役所のアネッテ・クルツォク氏への取材による（2015.9）
8. 190の社会都市プロジェクトの中から多くの成果が得られたものを11プロジェクト選ぶもの。
9. 室田昌子（2010）『ドイツの地域再生戦略　コミュニティ・マネージメント』学芸出版社、p. 15

第14章

ドイツから学ぶ縮小の都市デザイン

　ドイツの縮小の都市デザインから、同様に縮小する日本の都市・自治体が学ぶことは何であろうか。これまでの事例分析を踏まえて、本書の結びとして次の8点を挙げる。

14・1　都市のコンパクト性の維持

　都市部の人口減少の問題は、人口密度の低下であることを第12章で述べた。そして、人口減少に応じて、人口密度を維持するためには、市街地面積も、それに合わせて縮小することが重要であることを指摘した。

　しかし、人口が増加から減少というように潮目が変化しているにもかかわらず、従来のように郊外化を進める動きがまだ止まらない。このような人口減少下において、都心部を希薄化させることはきわめて危険である。東京のような都心部への需要が健在であるなら別だが、需要がないにもかかわらず、いたずらに郊外化を積極的に進め、都心部を空洞化させているような地方中小都市は、将来において大きな禍根を残すであろう。

　そのような問題がすでに顕在化している都市として、和歌山市があげられる。和歌山市の中心市街地であるぶらくり丁商店街は、昭和初期には大阪・ミナミと肩を並べるほどの関西随一の繁栄を誇っており、1970年頃までは栄えていた。しかし、1987年に近くにあった和歌山大学が郊外へと移転し、さらには郊外に開店した大型ショッピングセンター等に客を奪われ、商店街の平均通行量は1992年から2010年までに約5万4千人が約1万7千人と7割近くも減少。2010年での空き店舗率は28％というシャッター商店街にな

写真 14・1　シャッターが目立つぶらくり丁（和歌山市）

ってしまった（写真 14・1）。

　一方、このような状況を事前に察知して、コンパクトシティ化を促進している富山市、青森市は、人口縮小に対しての防御力を強化させていると考えられる。

　都市計画家である蓑原敬は、日本の都市において市街地中心部の人口空洞化が都市衰退の鍵を握っているにもかかわらず、中心部での土地の高度利用が進まず、全面的に個人乗用車に頼る拡散型の市街地が形成されたと指摘する[※1]。

　中心部の集積を維持するためにも、ある程度の人口密度を維持することが必要であるが、人口減少を理由に、スプロールの抑制機能を有する線引き制度[※2]を廃した例に、香川県中央都市計画区域、熊本県荒尾都市計画区域などがある。一方で、人口減少を迎えつつも、市街地の無秩序の拡大を抑制し、まとまりのある市街地をつくり、歩いて暮らせるまちづくりを目的として、あえて線引きを実施した山形県鶴岡都市計画区域などもある[※3]。都市拡張の時代の終わりとともに、スプロール防止の役割も終わったという意見もあるが[※4]、むしろ都市縮小の時代こそスプロールの弊害がより強くなると考えられる。都市縮小の時代における土地利用規制の強化が求められる。線引き制度は、望ましいコンパクトな都市像を形成していくためには有効なツー

ルであり、人口減少を理由にそれを廃止するのはあまり賢明ではない。

　NPO法人日本都市計画家協会が2002年11月に都道府県の都市計画課長を対象にしたアンケート調査において、「現在郊外部（調整区域、または非線引き白地地域）はどのような傾向や問題を抱えていますか」という問いの回答では62.2％が「人口減少、コミュニティ維持が困難」と回答している。そのような状況下では、郊外部にいたずらに開発を進めるのではなく、空洞化している中心市街地、市街化区域に積極的に人口を集積させることが望ましい。

　高い人口密度のメリットを維持していくためには、郊外開発の規制をしっかりするのはもちろんのこと、人口の減少と合わせて、都市の面積をも縮小させることが求められる。そのためには住宅地や業務地、商業地として使われている土地を、緑地や農地利用へと転換しなくてはならない。すなわち、都市的な土地利用を非都市的な土地利用へと転換することが必要となるのだが、これは地価の下落に繋がるために、地主を納得させることは困難をともなうであろう。今後は、都市の周縁部の開発権を、集積度を高めたい都心地区に移転できるようにするなどして、地主の権利を損失することなく、人口減少にともない不要となっていく都市の周縁部の土地を、緑地や農地へと変換させ、都市部における人口密度を維持することが必要となるであろう。

　人口縮減社会が到来した今、これから自治体が実施すべきことは、都市が縮小している現象を分析し、縮小していく過程で何を放棄するのか、どのように放棄するのかを明らかにすることである。縮小する都市の代替的土地利用に農業を導入するのか、森林をつくるのか、公共空間を整備するのか。どのようなプロセスで放棄していけば良いのか。土地所有のあり方、財政のあり方、投資のあり方など、考えなくてはいけないことは数多い。この縮小するプロセスをうまく設計することこそが、縮小時代の都市計画の主要な課題となるであろう。

14・2　ハードではなくソフトの社会基盤を充実させる

　今後、人口の高齢化にともない、日本全体の貯蓄率は低下していくであろう。その結果、公共事業を現状から大幅に縮小せざるを得なくなる。松谷明彦によれば、公共事業をすると日本経済が逆に縮小するという公共事業限度額は、2030年には2004年の47％減になる[※5]。また今後、社会資本の更新・維持改良費が増加していくことを考えると、新たな公共施設をつくる余裕はなくなる。とくに、道路をはじめとした高額な交通社会基盤に関しては、その必要性を厳格に検討すべきだし、冗長性のあるネットワークは潰すといった厳しい選択もする必要があるだろう。実際、ドイツでは新たにアウトバーンを整備した場合、平行して整備されていた道路を廃止することが多い。災害が多い日本では冗長性の確保から、むしろそのような道路も維持管理をする場合が多いが、財政的な余裕が今後減っていくなか、贅沢は許されなくなっていく。このことを十分に自覚しないと、地方からの人口流出は今後も止まることはない。

　岩手県住田町は北上高地にある山間町だ。ここには1948年に開校した岩手県立住田高等学校がある。岩手県はこの高校の廃校を計画している。一方で、住田町は存続を図ろうとしており、廃校を撤回するように県に繰り返し申し入れをしているが、県は方針を変えていない。

　この高校が廃校になることの住田町に与えるダメージは、相当深刻である。しかし、町にとっては、その将来の行く末を左右するような大きな問題を自分たちで決めることもできず、その将来は、県の手のひらの上にある。たとえ、国や県に予算があっても、それが教育、医療など、地域が切実に必要としているソフト面で使われずに、道路をはじめとした公共事業の整備などのハード面に使われてしまう。地元の高等学校がなくなっても、道路が整備されれば、遠方の高校に車で通うというシナリオが描ければ良いが、アメリカと違い、日本の高校生は自動車免許が取れない。また、道路が整備されたとしてもバスは赤字になるということで運行されることはほとんどないか、運

行されていても本数が少なく、きわめて不便である。住田町のようなケースは全国で見られている。ハードを整備することで、地方に豊かさをもたらすことはもう限界にきている。縮小する時代において、地方で求められているのはソフト面での豊かさである。

14・3　地域アイデンティティ・地域文化の強化

　都市、そして地域における人口縮小は、その地域のアイデンティティ、そして地域文化の希薄化をもたらす。神野直彦は、自然環境の再生と地域文化の再生が、地域を再生するうえで重要であると述べている[※6]。この重要性は、縮小地域においては、さらに当てはまる。

　ドイツの幾つかの縮小都市は、アートを通じて縮小する都市のアイデンティティを表現しようと試みている。たとえば、「成長しない持続的開発」を標榜したルール地方では、石炭採掘跡地にあるボタ山をランドスケーピングして彫刻を展示したり、ガスタンクを美術館にリノベーションしたりして、単にその利用を変更するだけでなく、ランドマークとして象徴的な利用を図ることを意図している。このようなアートによって衰退地区を彩る試みは、ドイツだけでなく、同じく衰退産業を抱えていたイギリスのリバプール、マンチェスター、ニューキャッスルや、スペインのビルバオなどでも観察できる。

　縮小している地域をアートの対象として積極的に捉えることは、縮小自体もその地域の文化として受け入れようとする姿勢である。そこでは、縮小を嘆くだけでなく、縮小という現実を受け入れ、そのことにも価値を見出そうという意志が感じられる。

　日本の縮小都市においても、今後それぞれの歴史、文化、自然を再生していくことで、そのローカル・アイデンティティを高めていくことが、地域が縮小し、消滅することを回避するためには、何より肝要となるであろう。

　アイデンティティが維持されていれば、その地域が消滅することはない。ポーランドは18世紀に3度、国土を失ったにもかかわらず復活することが

写真 14・2　ニューキャッスルの隣接都市のゲーツヘッドの炭坑跡地につくられた巨大なる彫像エンジェル・オブ・ノース

写真 14・3　ルール地方のゲルゼンキルフェンのボタヤマにつくられたステア・トゥ・ヘブン

できたのは、そのアイデンティティを維持し続けられたからである。国土と地域とではスケールが異なるかもしれないが、地域とは単にその土地だけではないはずである。逆に言えば、アイデンティティを喪失してしまった地域は、人口の集積はあっても、消費社会研究家の三浦展が指摘する「ファスト風土」[*7]のようにきわめて脆弱であり、何かのきっかけで消失してしまう軽さをともなっているとも言える。

　日本も夕張の炭鉱跡地など、ほぼ間違いなく世界遺産となるポテンシャルを有した事例もあったのだが、遊園地やスキー場を整備してしまったことで、そのアイデンティティを自ら喪失させてしまった。その後の顛末を考えると、

たいへんもったいないことをしたということが、同様に坑跡地であったツォルフェラインなどの成功を知るにつけ痛感する。その後、大牟田市の三池炭坑などが世界遺産に指定されたことを考えると、夕張がそのアイデンティティの見定めを誤ったことはひたすら残念である。縮小が進む都市であればあるほど、そのアイデンティティを正しく捉え、それを強化していく施策が求められる。人口が減少しているからこそ、そのサステイナビリティを維持するべく地域のアイデンティティをしっかりと強化させることが必要である。

14・4　地元に考えさせる ── 地方分権の勧め

　人口減少の時代においては、富を中央が集めて、それを配分するというようなこれまでの制度を続けていくと、地方は疲弊していく。成長している時代は、その豊かさの配分に地域的偏りがあっても、どの地域も何かしら恵んでもらうことができたが、縮小時代は恵みの代わりに痛みを押しつけられる。前述した住田町の高校もそのような例の一つであろう。縮小の痛みを受け入れざるを得ないとしても、それは地元住民の判断に基づくべきである。トップダウンでそのような判断がされる構造は、地方に不幸をもたらすだけだ。痛みを強制することに、地方は大きく抵抗するであろう。その調整、そして施策を納得させることを中央政府が果たしてできるのだろうか。中央政府の地方への権限委譲、そしてそのための道州制の導入が早く求められるゆえんである。

　ドイツは均衡ある国土の発展を指向している。そして、全国どの地域においてもミニマム水準を確保しようと努めている。そして、連邦制を敷いていることもあり、地域ごとの自立性が高く、また地域の歴史、文化、自然といったアイデンティティを高めていくことへの意識が強い。むしろ、人口縮小というトレンドは、これらアイデンティティを強化していくための機会であると捉えていると思えるぐらいだ。

　ドイツにおいては、都市計画権限は市町村に帰属するという原則が存在す

る。基本法 28 条 2 項では、地域的共同体に属するすべての事項は、法律の範囲内で、自己の責任において市町村が規律するという権利が保障されなければならない、と記されている[※8]。

　地域によって人口をめぐる状況は大きく異なる。中央政府が全国一律で、それら地域ごとの多彩な人口減少問題を解決させられるような政策を策定することは不可能である。ドイツのように「地域の問題は、地域で決める」という考えのもと、地域自らのイニシアティブで取り組みを行うことが重要である。しかし、地域は一枚岩ではないので、これらの協働を図ることの工夫が必要である。その工夫の一つとして、本書でも取りあげた IBA という試みはおおいに参考になる。

　IBA エムシャーパークが成功した大きな理由は、その全域にわたるマスタープランを作成しなかったことである。これは、ルール地方の各自治体が、自らの都市計画の自治権を譲る気はなかったことが判明したことと、州政府にバックアップされている IBA の運営組織よりも自治体のほうが細かい地元の状況を理解していたためである。

　日本の国土面積はドイツとほぼ同じであるが、人口は約 1.5 倍もある。それにもかかわらず、ドイツとは異なり日本は中央集権で、自治体の自治権ははるかに弱い。というか、自治という言葉が虚しく響くほど、自らの地域の命運を決定することが困難である。縮小時代においては、この状況を是正することが強く求められる。縮小に対応した施策を採るうえでの大きな障壁となっているのが、現在の地方分権の貧弱な状況であると考えられる。

　矢作弘はその著書『縮小都市の挑戦』でイタリアのトリノの事例を紹介している。フィアットの企業都市であったトリノは 20 世紀後半に失墜したが、その後、「再起の道を歩み始めるようになった」。矢作はその背景には三つの要因があったと分析している。そのうちの一つが地方分権であった。20 世紀後半には、イタリア政界は汚職まみれであり、その反動が 1990 年代に地方分権を加速化させた。そして、汚職政治の温床であった政党主導の政治の代わりに、「政党から相対的に独立した市長を、市民が直接選挙する制度が

スタートした」のである。地方政治が民主化され、公共空間のアメニティを向上し、市民主体のまちづくりが行われることが、縮小都市トリオの再生を可能にしたのである※9。

　我が国では、2000年4月に地方分権一括法が施行されたので、自治体が国の機関に擬せられ委任を受けて国の事務を実施する制度から解放され、自己決定・自己責任の原理を貫くことができるようになっている。しかし、窮乏する地方財政のもと、それをどの程度、遂行できるかは疑問が持たれている。表面上の地方分権ではなく、実質的に地方が自治を自立的に実行できるようにすることが、縮小時代においてはさらに重要となるだろう。

14・5　行政の役割の強化 ― 市場への介入

　都市が縮小するプロセスは、成長時のように富を効率的に増殖させていくプロセスではない。それは、痛みをいかに公平に負担するかというプロセスになる。そこでは公平性という観点が重要になり、効率性に関しては有効に機能する市場システムに任せるのではなく、積極的な行政の関与が求められる。

　しっかりとした都市の縮小プログラムを作成するために行政が負う責任は大きい。そこでは、市場に任せられず、また強い指導力が求められるためにNPO法人等に委託することもむずかしいケースが多い。本書で掲げたドイツの自治体の事例は、どこも行政が積極的にその問題の対処にあたっている。

　本書においても団地の減築・撤去施策を紹介してきたが、「需要がなければ供給を抑える」といった通常の商品であれば機能する市場の需給調整が、都市空間では機能しない。需要がなければ、「商品」としての住宅は空き家になり、そのうち廃墟のようになって商品価値がなくなる。しかし現実は、使われていない建物に空間が占有されたままである。この市場が解決できない問題を、ドイツでは行政が介入することで撤去、もしくは減築といった手法で調整してきた。撤去・減築に費用が発生するかぎり、このような調整を

民間が実施することは、跡地での土地需要がないかぎりはきわめてむずかしい。ドイツでは第2章で述べたように撤去・減築を補助金でまかない、住宅公社が負担しないで行えるようにした。この成果が大きいことは本書でみてきたとおりである。

日本は不動産が単に住宅サービスを供してくれる商品だけでなく、投資物件としての側面も強く有していた。この後者の性格が、その価値を減らす減築に対して、強く抵抗することが予見される。これは、土地利用の反高度化を促す逆線引き[※10]に対しても同様である。

縮小計画において必要となるのは、戦略性、協同性、対話性である[※11]。これらを満たすのは企業ではなく、自治体である。市場システムがしっかりと機能しないからこそ、自治体が戦略性をもって縮小問題に取り組むことが求められるゆえんである。

また、ドイツの都市政策において行政が日本とは比べものにならないほど影響力を及ぼすことができているのは、そもそも土地の公有化という考えが根強いことがあげられる。19世紀後半において市街地の拡大と土地に対する投機、地価の高騰が問題となった際に、ドイツの多くの都市では市街地周辺の空き地を自治体が先行的に取得することで対応した。1900年当時、市が保有していた土地はフランクフルト市で全市域の53％、ハノーファー市では37％、ライプツィヒ市では33％にも及んだ[※12]。このようにドイツでは、そもそも行政が主導して積極的な土地政策を展開させるという伝統がある。日本が財政悪化を理由に公有地を民間企業に売却することとはまったく逆である。これも自治体が都市政策において力を有している一つの要因である。

ただし、一方でデビッド・ハーヴィーが指摘するように、都市生活を真に変革するエネルギーは、自治体そのものではなく、市民にある。自治体はファシリテーターとして、触媒のようにうまく機能することが求められている。シュタットウンバウ・オスト・プログラムに代表される縮小政策の根源にある考えは、市場経済の「ラッセ・フェール（自由放任）」を管理し、少ない需要に相応する、より小さいが「活力のある（livable）」場をつくりあげること

である※13。成長時代のように、経済効果を期待したら何もできなくなる。マイナスを最小限に、負けを少なくする、といった姿勢で行政主体の縮小政策に取り組まなくてはならない。

14・6　縮小を機会として捉える

　ドイツの行政のシュタットウンバウ・オスト関連の報告書、ホームページでは「縮小は機会（チャンス）を提供する」という言葉が何回も使われている。縮小は「都市構造などを肯定的に変化させるチャンスを与えてくれる」というわけだ。縮小という難題を「禍転じて福となす」とさせるように、人々を鼓舞する意図を言外に感じ取る。そんな簡単にいくわけがないことは、行政側も理解しているだろう。ただ、縮小という難題の前に怯み、戸惑うだけでは状況は改善されない。むしろ、その状況から最善の結果を導こうと、肯定的に捉えることが、その問題を最小化させるうえで必要ではないだろうか。

　今回、事例として紹介した都市・地域のすべてが事態を好転させているわけではない。ただし、ライプツィヒやライネフェルデは人口も戻りつつある。この2都市は、連邦政府のシュタットウンバウ・オスト・プログラムに先んじて、人口減少という「不都合な真実」を直視した。そして、ともに「選択と集中」という考えを徹底させた。問題は早く対応すればするほど効果も早く発現する。

　縮小というネガティブなイメージが、ポジティブに捉えられるのは環境のテーマを持ち出す時である。人口密度の低減、とくに土地利用において建物が撤去した後を緑地にすることは、自然環境がより豊かになるイメージを与える。「縮小は新しい環境面での質、社会面での質を向上させる機会を提供してくれる」とデッサウ・バウハウスのランドスケープ・アーキテクトであるハイケ・ブリュックナー氏は筆者との取材で述べていた。確かに、人口縮小は都市農業の機会を与えてくれるし、地球環境にもプラスになるであろう。

　以前、拙著『サステイナブルな未来をデザインする知恵』で、エッカート・

ハーン氏に取材をしたことがある。ライプツィヒでエコロジカルな都市計画を実践しようとした都市デザイナーであり、ドルトムント工科大学の教授でもある。彼は、縮小現象は「都市をエコロジカルに変換する千載一遇のチャンス」と言う。

「残念ながら、多くの人は、これが素晴らしい機会であると理解していません。都市にいかに伝統的な雇用を持ってくるかということばかりを考えている。しかし、必要なのは人々が納得できるような雇用を創出させることです。それは人間の本能として正しい雇用です。そのためには、大きな変化が必要です」[※14]。

さらに彼はこう付け加えている。

「都市が縮小し始めると、多くの空き地ができます。高密度で開発された都市には、このような空き地がない。しかし、都市が縮小し始めると、空き地が生じ、この空き地をうまく活用してネットワーク化させることによって、エコロジカルの環を形成することが可能なのです。住宅地に新たな価値を導入することが可能となります。ライプツィヒも縮小していたので、その結果、空き地となった工場、団地、鉄道施設などを活用することを考えました。旧東ドイツは統合した後、多くの資金を得たのです。しかし、彼らはそれでどうしたかというと、まったくニーズのない建物を多く建設しました。そして、お金もなくなり、エネルギーもなくなってしまった。まったくの失敗です。しかし、政治家も企業家もしっかりとした将来を構築しようとするのに必要とする感性を失ってしまったのです。住民に聞けば、彼らが何を欲していたかを理解できたはずでしょう。しかし、それをせずにお金のことばかり考え、欲望に負けてしまい、結局貴重なチャンスを逸してしまったのです」[※15]。

縮小する都市という課題に対応するうえでもっとも大きな障害となるのが、成長を是とする現代社会の価値観である。利益を得ることを倫理的に社会が許容するようになったのはそれほど昔ではない。株式投資といった成長拡大を半永久的に希求するシステムに人が取り憑かれるようになったのも17世

紀前半頃からである。産業革命、宗教改革、近代資本主義をへて現代までの400年間という限られた期間においてのみ、人類は成長と拡大を享受できたのであり、それが永続できないことは地球が空間的、資源的にも有限であることから明らかである。しかし、社会そして我々の価値観は、成長から縮小への変化を拒みたがる。そして、このようなメンタリティはほぼ世界共通である。

　日本では、年金問題に象徴される縮小の負の部分にばかり目が向きすぎており、それがもたらす豊かさの向上、環境への負荷の低減、といったプラス面を看過しすぎているのではないだろうか。とくに、先進諸国の都市と比べた場合、驚くほど質が低い住環境、公共空間のアメニティといった問題を改善させる千載一遇のチャンスを、人口縮小はもたらす。

　重要なことは将来をしっかりと予測し、負のインパクトを軽減し、プラスの価値を確実に活かすための縮小をデザインすることである。縮小するという事実に目を背けて、いたずらに風呂敷を広げることは愚かなだけではなくて、将来の世代に対しては罪である。必要なのは現状をしっかりと理解することであろう。環境問題が深刻化し、地下資源が稀少化し原油の高騰が起きかねない状況下では、この縮小現象はむしろ福音ではないだろうか。

　第1章でも指摘したことだが、エコロジカル・フットプリントという物差しで見れば、もうすでに日本国レベルでの経済活動は地球の容量をオーバーしている。縮小は一面ではピンチだが、もう一面ではチャンスでもあるのだ。そのトレンドを変えることがむずかしいのであれば、チャンスの側面から重点的に現象を捉えることで、肯定的な成果を得られることに繋がると考えられる。

14・7　ステークホルダーとの協働を図る

　ドイツの縮小都市政策の展開をみると、ステークホルダー間の合意形成をいかに上手く図るかが、それを遂行するためのポイントであることが理解できる。社会主義時代のトップダウンでの施策の進め方に慣れていた人が多か

った統一直後においては、比較的、スムーズに建物の撤去なども進めることができたが、その後、徐々に事業を進展させていくことはむずかしくなっている。第9章で紹介したように、それまで住民の意向をほとんど配慮せずにトップダウンで縮小計画を遂行してきたホイヤスヴェルダであるが、最近では住民の反対運動が激しくなっていること[※16]などは象徴的である。

　また、事例としては本書では紹介していないが、ライプツィヒのグリューノウ団地の撤去計画も、とりあえず第1回目の「都市計画発展コンセプト」作成時は、空き地ができてもそれほど問題はなかった。これは、空き地がまだ少なかったので、撤去をしても都市らしさをつくりだす集積が維持できていたからだ。しかし、空き地が増えていくと、都市らしさまで失われていくので、維持する建物を計画的に集積させなくてはならなくなる。そのような段階になると、撤去する予定の建物の住民だけではなく、周辺の住民もステークホルダーとなってくる[※17]。

　このように旧東ドイツでも縮小都市において合意形成を図ることが、その施策を円滑に遂行していくうえではきわめて重要である。そして、その点に注目すると、ライネフェルデがなぜ「奇跡」と形容できるような成果を得られたのかが明らかになる。というのも、ライネフェルデは、今回の七つの旧東ドイツの事例のなかでもっとも合意形成に力を入れてきたからである。情報公開を徹底して、他の旧東ドイツの縮小都市があまりやらない住民への説明も丁寧に続けてきた。

　縮小というみんなが避けたがるテーマであるからこそ、その「不都合な真実」をしっかりと白日のもとに晒し、その危機に対応し、その先の将来をみんなで展望しようとしたこと。ライネフェルデの成功から日本の縮小都市が学ぶべきことは数多いが、これこそがその要であると思われる。

　本書を執筆するために取材調査をしていくうちに、これまでのドイツの都市計画に対するイメージが大きく揺らいだ。日本では、たとえばドイツの都市計画は次のように紹介されている。

　「ドイツでは「まちづくりは住民のために市町村が実施すること」を誰

もが理解している」※18。

しかし、前述したようにシュヴェリーン、ホイヤスヴェルダ、コットブスはプラッテンバウ団地を撤去する施策を進めるうえで「住民のため」という視点は有してはいなかった。これは、しっかりとした制度を有しているドイツにおいても、住民を犠牲にしないと、撤去の遂行がむずかしい実態があったからであろう。ほとんど唯一の例外がライネフェルデであり、ライネフェルデはだてに「奇跡」と形容されるわけではないことが改めて確認できる。

『ライネフェルデの奇跡』で著者が、チューリンゲン州内務省前住宅建設局長に「他の町がどうしてライネフェルデを参考にしなかったのか」と質問している。その回答として、ライネフェルデの特殊な点として、都市規模がちょうどよかった。すなわち、「自治体のネットワークと産業の関係が非常によく見通しのきく規模」であったことを理由に述べている。しかし、彼は「ライネフェルデでできたことで、他でできないようなことは何もない」とも述べている※19。ただし、「関係者を説得する強い個性も必要であり、問題とその解決について住民や関係者に余すところなく伝え、彼らをプロセスに巻き込み、一度決めたことは長期にわたって守る信頼性が不可欠でしょう」と付け加えている。

このライネフェルデの状況に比べて、ホイヤスヴェルダ、コットブス、シュヴェリーンの都市は、住民やステークホルダーとのコミュニケーションをしっかりしていない印象を受ける。デッサウも住民とはコミュニケーションを図る努力をしているが、住宅公社というステークホルダーとは必ずしもコミュニケーションがうまくいっていないようだ※20。撤去・減築という誰もができることなら回避したい、という事業であるからこそ、それを推進するうえでは、情報をしっかりと開示し、協働することが重要である。

14・8　移民の受け入れ

急激な人口減少のスピードに対抗する唯一の即効性のある策は、生産年齢

人口を補充する移民の受け入れである。ヨーロッパ諸国において、人口減少のスピードが遅いのは移民を受け入れているからである。さらに、付け加えると移民は出生率も高い。これが、日本と比べると、欧州諸国（とくにイギリス、フランス）が人口減少のスピードを緩和させている大きな要因である。そして、ここ数年の旧東ドイツにおいても人口減少を反転させた大きな要因は移民であった。そして、その効果は専門家の将来への悲観的な展望さえ裏切るようなものがあった。

筆者は2015年9月にドイツを訪れ、ドイツの縮小政策の研究者であるアネグレット・ハーセ氏と話をしていた。彼女はライプツィヒ市の縮小政策を分析する論文[21]にて、最近のライプツィヒ市の人口が増加傾向にあることを紹介しつつ、「しかし、このように人口減少が反転しているライプツィヒ市ではあるが、その将来展望は決して明るくはない」と指摘している。そして、そのように考える理由としては、ここ数年のライプツィヒの人口増は、旧東ドイツの農村部からの若者（20歳〜40歳）の流入によるものが多いが、将来的にはこれらの人口が大幅に減少することを理由として挙げている。最近の人口増加からライプツィヒ市を「ブーム・タウン（boom town）」、旧東ドイツの「縮小の海（ocean of shrinkage）のなかの灯台」ともてはやすマスコミの記事もあるが、大きなトレンドで見れば今後も縮小していくことになる可能性が高いと警鐘を鳴らしていた。

そのことについて彼女に取材をしたところ、開口一番「我々が間違っていた。ライプツィヒ市の活力は本物だ」と言われて出鼻をくじかれた。彼女等の分析は、ライプツィヒ市はいわゆる「地方におけるダム的」機能として、ザクセン州などの周辺の小さな町村から人々を集めることで減少していた人口が増加するようになったので、それらの町村の若者が減れば、ライプツィヒ市の人口も再び減るであろう、という説得力のあるものであった。ダムに注ぎ込む川の水が減れば、ダムに貯まる水も少なくなるというロジックである。

ハーセ氏は、その見解の間違った理由を移民の動向を見誤ったからである

と言う。「まさか失業率が高いこの都市に、これだけの移民が来るとは予測できなかった。スペインの高い失業率に喘ぐ若者たちが、ライプツィヒに来るとは予測の範疇を超えた。加えて、旧西ドイツからも人々がライプツィヒにこれだけ来るとは、計算に入っていなかった。周辺市町村からではなく、国境をも越えて人々がライプツィヒに来る現状のトレンドが続けば、ライプツィヒは今後も人口が増加するであろう」。

　ドイツの移民を受け入れるうえでのハードルが低いことが、ライプツィヒの人口減少を長期的に反転させる大きな要因となっていることは間違いない。外部の人々を受け入れる器づくりという考え方で都市を整備することが、縮小している都市においては重要になることをライプツィヒの事例は示唆している。

　筆者は、ドイツを真似て積極的に移民を受け入れるべきであると本書で主張するつもりはない。しかし、ドイツの寛容なる移民政策は短期的な人口減少を止めるだけでなく、長期的な人口減少を食い止める特効薬となる。ドイツの研究者たちでさえ読めなかった楽観的な人口増加のシナリオを、ドイツのいくつかの都市が実現させていることは、人口減少国である日本に多くの示唆を与えてくれる。

　移民の受け入れに関しては、日本は多くの文化的タブーが人為的につくられているため、冷静な議論がしにくい環境にあるが、一般的に考えられているほど日本人の定義は簡単なものではない[※22]。個人的には、日本人が保有している民族的な遺伝子を次代に継承していくことよりも、日本語を含めた日本文化を人類の一つの遺産として引き継いでいくことのほうが、日本人だけでなく人類にとってもはるかに重要であると考える。したがって、この人口減少のスピードの速さという社会的インパクトを軽減させるためにも、積極的な移民政策を採るべきであると分析する。人口減少をしていくなか、日本は何を次代の人類に継承していくべきなのか。日本人だけの利益ではなく、人類の利益まで捉えた考え方が求められている。

　そこまで大上段に構えなくても、2012年では14万人しかいない海外から

の留学生を積極的に増加させ、日本で働いてくれるかもしれない優秀な外国人を呼び寄せる施策を展開することは効果的であると考えられる。

【※注】
1. NPO法人日本都市計画家協会（2003）『都市・農村の新しい土地利用戦略』学芸出版社、p. 193
2. 区域区分制度ともいわれる。1968年の都市計画法の改正で導入された。その目的は、都市の無秩序な拡大を防ぐことであり、そのため都市計画区域を市街化区域と市街化調整区域に区分し、後者においては一般市民の住宅建設等を厳しく制限するものである。この二つに「線」を引いて区分するために「線引き制度」とも呼ばれている。
3. NPO法人日本都市計画家協会（2003）『都市・農村の新しい土地利用戦略』学芸出版社、p. 293
4. 同上、p. 208
5. 松谷明彦（2007）「もう一つの視覚：少子化は皆を豊かにする」『月刊地域づくり』2007年1月号
6. 神野直彦（2003）『地域再生の経済学』中公新書、p. 17
7. 三浦展（2004）『ファスト風土化する日本』洋泉社
8. 高橋寿一（2001）『農地転用論：ドイツにおける農地の計画的保全と都市』東京大学出版会、p. 226
9. 矢作弘（2014）『縮小都市の挑戦』岩波書店、pp.110〜111
10. 都市計画で定める区域区分を、市街化区域から市街化調整区域に変更すること。
11. Nikolaus Kuhnert and Anh-Linh NGO（2006）'Governmentalizing Planning' in "*Shrinking Cities*" Vol. 2, p. 22
12. 日笠端・日端康雄（2015）『都市計画』第3版、丸善出版、p. 47
13. David Harvey（2006）'From Managerialism to Entrepreneurialism' in "*Shrinking Cities*" Vol. 2, p. 549
14. 服部圭郎（2006）『サステイナブルな未来をデザインする知恵』鹿島出版会
15. 同上
16. ホイヤスヴェルダ市役所のアネッテ・クルツォク氏への取材による（2015. 8）
17. ライプツィヒ市役所のセバスティアン・ファイファー氏への取材による（2015. 7）
18. 澤田誠二編著（2012）『サステナブル社会のまちづくり』明治大学出版会、p.134
19. W. キール、澤田誠二・河村和久訳（2009）『ライネフェルデの奇跡』水曜社、p. 119
20. デッサウ・ロッシュラウ市役所のフォルカー・シュトール氏への取材による（2015. 8）
21. Annegret Haase, Dieter Rink et al.（2012）'Urban Governance in Leipzig and Halle' in "*Shrinkg Smart Research Report*"
22. 與那覇潤（2013）『日本人はなぜ存在するか』集英社インターナショナル

豊かさの意味を再考し、
縮小をデザインする

　本書はドイツの縮小都市の実態、そしてその対応策を概観してきた。旧東ドイツの都市が縮小することになった契機は、社会体制のパラダイム・シフトとでも形容すべき変革であった。それは多くの都市において社会減による人口減少をもたらした。

　我が国も人口縮小に悩む都市は多いが、それらは現在では自然減が主な要因である。そのプロセスの多くは旧東ドイツの都市のように劇的な変化をともなわず、緩やかである（一部、夕張市のような例外もあるが）。ただし、団塊の世代が高齢者になった今後は、相当の人口ボリュームが数年間にわたって減っていくことを経験する。そのような時、社会減、自然減の違いはあるが、ドイツがどのように人口縮小に対応したのか。そして、失敗を含めてどのような成果が得られたのかを知ることは参考になると考えた。

　本書では旧東ドイツの縮小都市事例を七つと、旧西ドイツの縮小地域事例を一つ紹介させてもらった。「奇跡」と呼ばれるほど優秀な事例であるライネフェルデから、失敗との批判を浴びているホイヤスヴェルダまで、比較的、偏りがなくドイツの縮小の取り組みが展望できるように工夫してみた。地域的にもベルリン州を除く旧東ドイツの五つの州からもれなく事例を選ぶようにした。これは、よく海外の事例紹介の本にありがちな「他国は日本と比べてこれだけ優れているので、劣っている日本はしっかりと学ぶべきだ」という奇妙な日本人コンプレックスを刺激するような内容を避けたいと考えたからである。等身大のドイツの実態を知ることで、より学ぶことができるのではないかと考えた。

　筆者が旧東ドイツを頻繁に訪れるようになったのは2002年からである。日本の人口縮小問題が顕在化していくなか、その問題を先行して経験し、さ

らにはそれを直視し、積極的に対応していったドイツ、とくに旧東ドイツの事例は日本にとっても示唆の多いものであると考えた。14年前、旧東ドイツの多くの都市は縮小という巨大な波にのまれ、それを乗り越えるために青息吐息に見えた。縮小は工場跡地や廃墟となった団地などの多くの無残な残骸を都市に晒していた。

しかし、2002年から始まったシュタットウンバウ・オスト・プログラムという連邦政府のプログラムの後押しもあり、現在、これらの縮小都市は大きくその姿を変貌させた。まず、空き家だらけで、廃墟のような姿をさらしていたプラッテンバウ団地は撤去された。残されたプラッテンバウ団地は、巨大なものは分節され、小さい集合住宅のように減築され、また建物はそのままでもエレベーターやバルコニーが設置され、内装も新たに施され、ペンキの色も画一的な灰褐色のような色のものから、お洒落で鮮やかな色へと塗り替えられるなどして、ずいぶんと改修された。

プラッテンバウ団地だけではなく、都心部で社会主義時代にあまり投資がなされなかった地区もずいぶんと再生した。2002年頃、ライプツィヒ・オストと呼ばれるライプツィヒ駅の東地区にあるグリュンダーツァイト時代の建物は朽ちかかっており、ヴァンダリズム等もあちらこちらに見られ、衰退し荒廃した地区という印象を強く受けた。2015年に、この地区のまちづくりに関わってきた人たちのトーク・セッションが同地区の「日本の家」にて開催され、私も参加したが、その時の話題は、この地区への外部の投資の増加、そしてそれにともなうジェントリフィケーションにどのように対処するかというものであった。10年一昔とは言うが、その間のこの地区の改善ぶりには驚くばかりである。

もちろん、すべての都市においてこのような縮小政策の成果が得られているわけではない。現在でも進展している人口縮小に呻吟している都市・地域は数多い。それでも、その苦労を含めて、ドイツという人口縮小先進地域から我が国が学ぶことは数多いと思われる。

そのなかでも、もっとも重要なことは、豊かさを再考する必要性を示唆し

ている点、そして縮小をデザインするということであろう。ドイツの縮小への取り組みを見ると、何が豊かさなのか、縮小することで失われる豊かさとは何か、ということを真摯に考察しようとする姿勢が伺える。成長そのものが豊かさをもたらす訳ではない。我々は豊かさを求めているが、成長を求めているわけではない。これまでは発展途上の段階であったから、成長によって豊かさという目的が得られたために、我々は手段としての成長に価値を見出してきた。しかし、日本においては、市場も成熟し、需要も飽和したなか、成長が必ずしも豊かさに結びつかなくなってきている。それなのに、我々は盲目的に成長に拘泥しすぎているのではないだろうか。「成長＝豊かさ」ではない時代を迎えて、何が地域に豊かさを与えてくれるのか。

　政治家や市民は将来の問題を解決するよりは、現状の問題の解決を求めたがる。人口減少という長期的な問題であるにもかかわらず、短期的な解決を求める。それは短期的な豊かさを追求し、長期的な豊かさを展望しないことであり、それでは人口縮小という減少トレンドのベクトルを変えることはむずかしい。パッチワーク的な処方箋ではなく、長期的な体力づくりをすることしか、地方は人口縮小を止めることはできない。

　そして、長期的な豊かさを求めて、縮小下での将来をデザインしていくことが肝要だ。縮小する将来をデザインすることは、成長下での将来をデザインすることとは180度違う様相を表出させる。成長している時は、膨張するエネルギーをいかに整形するかを考えれば良い。しかし、縮小している時は、エネルギーも収縮している。バルーンアートは風船を膨らませながら形を整えることはできるが、萎ませながらは形を整えることができないように、都市も望ましく縮小させることは相当の工夫が必要である。少なくとも、縮小下では市場経済のメカニズムがうまく機能しない。それを行政、または市民やNPOなどがいかに補填できるか。その仕組みをうまくつくりあげることの重要性を、ドイツの事例は明らかにしてくれている。

　小林重敬は、人口減少にともなう市街地縮減における都市計画の課題は新たな管理運営方式による市街地の秩序化であると指摘する[※1]。それは、将来

の縮小計画に基づいて管理された都市縮小を遂行することによって、市街地の秩序を維持する、もしくは無秩序化している市街地を秩序化することであると考えられる。それは縮小をデザインするということであり、本書で取りあげたドイツの縮小都市がまさに目指していたことであると思われる。空き家が増え、状況が悪化する前に、むしろ計画的に縮小を促進させる減築・撤去政策によって、縮小したとしても、望ましい都市構造へと再編できるようなアプローチである。

縮小することでダメージは受ける。しかし、そのダメージをできるだけ最小限にするように、将来をデザインさせていく。このことの重要性をドイツの取り組みは示唆してくれる。そして、辛抱強く取り組んでいくことが肝要であろう。シュヴェリーン市役所で、縮小政策に長年、携わってきたアンドレアス・ティーレ氏は、筆者の取材に次のように語った。「我々はとても辛抱強い。政治家は辛抱が苦手だ。ゆっくりとしたプロセスではあるが、向かっている方向は間違っていない。必要なのは時間である」。

縮小というトレンドを転換させることはむずかしい。しっかりとした構想を策定し、じっくりと取り組むことが何より重要である。旧西ドイツ生まれではあるが、もう25年間シュヴェリーンにて暮らし、働いているティーレ氏であるからこそ、その発言には説得力がある。

旧東ドイツの社会体制の変革を契機として、急激に人口を失った都市・地域の課題解決にドイツは取り組んできた。その取り組みは創造性に溢れた都市デザイン的なセンスと、将来への鋭い分析に基づいた都市計画、さらにはコミュニティや平等性を重視するヒューマニティに富んでいる。もちろん完璧ではないし、相変わらず解決されていない課題も多く、なかには失敗もある。しかし、縮小という問題にしっかりと真正面から取り組む姿勢は、我々も真摯に学ぶべきであろうと思う。原子力発電所の問題においても、第二次世界大戦の責任という問題においても、ドイツと我が国では、その対応に違いが見られる。それは、不都合な事実から目を背けるか、真っ正面から対峙するかの違いである。日本の縮小都市が、今、対応しなくてはならないこと

は、人口縮小という問題から目を背けたり、消滅するといった脅かしに慌てたり、いたずらに人口を増やそうと付け焼き刃的な施策を連発したりすることなどではなく、冷静に人口が縮小する状況を分析し、成長しない時代の「豊かさ」を再定義し、縮小した後の都市・地域において「豊かな」未来像をデザインすることではないだろうか。

【※注】
1. 小林重敬（2008）『都市計画はどう変わるか』学芸出版社、p. 4

おわりに

　ドイツが人口減少する都市・地域の問題に都市計画的に取り組むという話を筆者が初めて聞いたのは 2002 年のドイツでの調査研究においてであった。振り返れば、ちょうどシュタットウンバウ・オスト・プログラムを導入する年であり、取材をしたドイツ連邦政府の役人が、熱を込めて説明していた背景も今なら分かるのだが、当時は、ドイツはさすが違うなと感心するだけであった。

　ちょうど当時ベルリン工科大学で都市計画を教えていたドイツ人の友人であるフランク・ルースト氏（現在はカッセル大学教授）にこの話をすると、「ドイツの都市計画がそれほど立派かというと疑わしいが、縮小しているという都合の悪い現実をしっかりと直視し、今後も縮小し続けることを客観的に予測し、縮小する都市の計画を策定しようとする姿勢と覚悟。これはドイツの都市計画の評価できる所である」と述べたことも、私の好奇心を刺激し、以後、ドイツの縮小都市を断続的に調査することになる。縮小現象にどのようにドイツが都市計画的にアプローチするかを知ることで、その都市計画のエッセンスが理解できるのではないか、と思われたからである。そして、同様に縮小問題を抱えることになる日本においても、ドイツの縮小に対する考え方、アプローチ、そしてその経験は参考になると考えたからである。

　その後、一般財団法人計量計画研究所が主催したシンポジウムでルール大学のウタ・ホーン教授の講演を聞く機会があり、すぐに図々しくも彼女を尋ね、いろいろと旧東ドイツの都市の縮小をめぐる状況を教えてもらい、彼女の紹介でアイゼンヒュッテンシュタット市の職員フランク・ホーヴェスト氏を訪れる。彼はちょうど、アイゼンヒュッテンシュタット市の都市計画で博士論文を執筆中であり、彼を通じて私は多くを学ばせてもらった。

そのようななか、大林財団から研究助成金をいただく機会にも恵まれ、ロストック、コットブスなどの縮小都市の取材を行う機会を得る。その後、縮小都市研究所の若き所長であるフィリップ・オスワルト氏とも知り合うことができた。
　そうこうするうちに、2009年4月から2010年3月までは前述した友人のフランク・ルースト氏がドルトムント工科大学に在籍していたこともあり、そこに客員教授で在籍する機会を得た。この期間を利用して、ずいぶんとドイツの縮小都市を廻った。

　本書は、前述したルースト教授の言葉を発端に14年近くもの間、こまごまと収集し、または発表してきたドイツの縮小政策がらみの情報を都市計画的見地からまとめたものである。はたして、それが縮小する日本の都市の参考になるかどうかの評価は、読者に委ねるしかないが、「消滅する」と言われてアタフタとする前に、ドイツが通った道を自らの立場に置き換えてシミュレートすることによって、より客観的に状況を捉え、その将来も冷静に展望することができるのではないだろうか。ドイツの縮小都市の「消滅するかもしれない」というプレッシャーは、日本のそれとは比べものにならないほど切迫感をともなっていた。それでも、しっかりと対応できた都市は、人口減少が増加に変転し始めてさえいる。
　この本を読んでいただいた読者にはたいへん申し訳ないが、調査内容には必ずしも満足できていない。事実誤認もあるかもしれない。事実誤認等に、もし、気づかれたらご教示いただければたいへん有り難い。それらの間違いはすべて筆者が責任を負うものである。また、本書を執筆するうえでの情報収集において、東京大学都市工学専攻の大学院生福田峻君には多くを手伝ってもらった。彼の優れた情報収集能力によってずいぶんと助けられた。

　本書で、私の縮小都市の研究が終わったわけではなく、あくまで通過点である。今後もご指導いただければ幸いである。本書が人口減少に悩む日本の

都市（地域）の人々に少しでも参考になれば、筆者としては望外の喜びである。

末筆ではあるが、学芸出版社の前田裕資さんと中木保代さんには心からの御礼を述べたい。本書の企画を最初に学芸出版社に持ち込んだのは 2008 年である。よくぞ、諦めずに付き合ってくれたものだと改めて感謝する。前田さんの我慢強さと寛容さ、そして中木さんの辛抱がなければ、この本は日の目を見なかったであろう。

2016 年 2 月 5 日
東京都目黒区八雲の自宅にて

【主な初出一覧】
- 「シュリンキング・シティがもたらすこと」『商店建築』2005. 10
- 「コンパクトシティ、「賢い縮小」の必要性」『city & life』2005. 12
- 「縮小社会における都市政策」『週間エコノミスト』8 月 15・22 日合併号、2006. 8
- 「人口縮小時代のまちづくり」『月刊公明』2006. 12
- 「旧東ドイツの都市の縮小現象に関する研究 − アイゼンヒュッテンシュタットを事例として」明治学院大学産業経済研究所　研究所年報　第 23 号、2006. 12
- 「人口減少都市の縮小計画　一般的現象としてのアプローチ」『BIO City』No. 37、2007. 9
- 「IBA エムシャーパーク再訪 − 10 年後の奇跡と成果」『BIO City』No. 43、2009. 10
- 「人口減少時代の「地域力」」『週刊エコノミスト』2010. 4. 13 号
- 「シュヴェリーン（ドイツ）の連邦庭園博覧会（BUGA）の現地報告」『Urban Green Tech』No. 76、2010. 3
- 「IBA の伝統と現在」『approach』2010 秋号、竹中工務店、2010. 9
- 「ザクセン・アンハルト州の縮小政策に関する研究」『研究所年報』第 27 号、明治学院大学産業経済研究所、2010. 12
- 「旧東ドイツの縮小都市の研究 − ブランデンブルク州コットブス市を事例として」『経済研究』明治学院大学、2013. 1
- 「縮小時代における都市と地域の未来展望」『思想』No. 1097、岩波書店、2015. 9
- 「旧東ドイツの縮小都市における、集合住宅の撤去政策の都市計画的プロセスの整理、および課題・成果の考察 − アイゼンヒュッテンシュタットを事例として」『日本都市計画学会都市計画論文集』2015. 11

この本を出版するにあたっては、本当に多くの人々に協力していただいた。彼ら・彼女らとの会話の積み重ねが本書の中身を構成している。全員の名前をここで紹介することはむずかしいが、とくにお世話になった方々をここに記させていただくことをお許しいただきたい（順不同・所属先は 2015 年秋のもの）。

フランク・ルースト（Frank Roost：カッセル大学教授）
ヤン・ポリーフカ（Jan Polivka：ドルトムント工科大学准教授）
フィリップ・オスワルト（Philip Oswalt：カッセル大学教授）
川下ポリーフカ沙織（Saori Polivka Kawashita）
フランク・ホーヴェスト（Frank Howest：アイゼンヒュッテンシュタット市役所職員）
クリスティアン・ノヴァック
　（Christian Nowack：アイゼンヒュッテンシュタット市役所職員）
クリスタ・ライヒャー（Christa Reicher：ドルトムント工科大学教授）
カトリン・グロッシュマン（Katrin Grossmann：エアフルト大学准教授）
アネグレット・ハーセ（Annegret Haase：ヘルムホルツ環境研究センター）
ディーター・リンク（Dieter Rink：ヘルムホルツ環境研究センター）
アンジャ・ネレ（Anja Nelle：ライプニッツ研究所）
ブリジッタ・ヴィンクラー（Brigitta Winkler：ライネフェルデ市役所職員）
ドリーン・モハウプト（Doreen Mohaupt：コットブス市役所職員）
ウタ・ホーン（Utah Hohn：ルール大学教授）
フォルカー・シュトール（Volker Stahl：デッサウ・ロッシュラウ市役所職員）
セバスティアン・ファイファー（Sebastian Pfeiffer：ライプツィヒ市役所職員）
アネッテ・クルツォク（Annette Krzok：ホイヤスヴェルダ市役所職員）
アンドレアス・ティーレ（Andreas Thiele：シュヴェリーン市役所職員）
ハイケ・ブリュックナー（Heike Brückner：バウハウス研究員）
大谷悠（ライプツィヒ大学大学院、コミュニティ活動家）
大村謙二郎（筑波大学名誉教授）
秋本福雄（九州大学名誉教授）
永井宏治（エコセンター NRW 研究員）
阿部成治（福島大学特任教授）
海道清信（名城大学教授）
坂本英之（金沢美術工芸大学教授）
松行美帆子（横浜国立大学准教授）
吉田友彦（立命館大学教授）
角野幸博（関西学院大学教授）

服部圭郎（はっとり　けいろう）

1963年に東京都生まれ。東京そしてロスアンジェルスの郊外サウスパサデナ市で育つ。
東京大学工学部を卒業し、カリフォルニア大学環境デザイン学部で修士号を取得。某民間シンクタンクを経て、2003年から明治学院大学経済学部で教鞭を執る。
2009年4月から2010年3月にかけてドイツのドルトムント工科大学客員教授。現在、明治学院大学経済学部教授。
専門は都市計画、地域研究、コミュニティ・デザイン、フィールドスタディ。主な著書に『若者のためのまちづくり』『道路整備事業の大罪』『人間都市クリチバ』『衰退を克服したアメリカ中小都市のまちづくり』『サステイナブルな未来をデザインする知恵』『ブラジルの環境都市を創った日本人：中村ひとし物語』。共著に『下流同盟』『脱ファスト風土宣言』『都市計画国際用語辞典』『Global Cities Local Streets』など。共訳書に『都市の鍼治療』『オープンスペースを魅力的にする』。技術士（都市・地方計画）。

本書の刊行にあたり、明治学院大学学術振興基金の補助金を受給した。
本研究を遂行するうえでは、公益財団法人　大林財団の研究助成（2004年）を受けている。

ドイツ・縮小時代の都市デザイン

2016年3月31日　第1版第1刷発行

著　者	服部圭郎
発行者	前田裕資
発行所	株式会社　学芸出版社
	〒600-8216　京都市下京区木津屋橋通西洞院東入
	電話 075-343-0811
	http://www.gakugei-pub.jp/
	E-mail info@gakugei-pub.jp
印　刷	イチダ写真製版
製　本	山崎紙工
デザイン	KOTO DESIGN Inc.　山本剛史　萩野克美

© 服部圭郎 2016　　　　　　　　　　　　　　　Printed in Japan
ISBN 978-4-7615-2620-7

JCOPY 〈(社)出版社著作権管理機構委託出版物〉
　本書の無断複写（電子化を含む）は著作権法上での例外を除き禁じられています。複写される場合は、そのつど事前に、(社)出版社著作権管理機構（電話 03-3513-6969、FAX 03-3513-6979、e-mail: info@jcopy.or.jp）の許諾を得てください。
　また本書を代行業者等の第三者に依頼してスキャンやデジタル化することは、たとえ個人や家庭内での利用でも著作権法違反です。